黑龙江省
西部沙区水土资源技术集成研究

◎ 王春雨　龙显助　张洪志　王永平　编著

中国农业科学技术出版社

图书在版编目（CIP）数据

黑龙江省西部沙区水土资源技术集成研究 / 王春雨等编著.—北京：中国农业科学技术出版社，2020. 4
ISBN 978-7-5116-4649-1

Ⅰ. ①黑… Ⅱ. ①王… Ⅲ. ①沙漠-水资源管理-研究-黑龙江省②土地资源-资源管理-研究-黑龙江省 Ⅳ. ①TV213. 4②F323. 211

中国版本图书馆 CIP 数据核字（2020）第 045890 号

责任编辑 贺可香
责任校对 贾海霞

出 版 者 中国农业科学技术出版社
北京市中关村南大街 12 号 邮编：100081
电　　话 （010）82106638（编辑室） （010）82109704（发行部）
（010）82109709（读者服务部）
传　　真 （010）82106638
网　　址 http://www.castp.cn
经 销 者 各地新华书店
印 刷 者 北京建宏印刷有限公司
开　　本 787 mm×1 092 mm 1/16
印　　张 11. 25
字　　数 262 千字
版　　次 2020 年 4 月第 1 版 2020 年 4 月第 1 次印刷
定　　价 68. 00 元

#《黑龙江省西部沙区水土资源技术集成研究》
编 著 名 单

主　　著： 王春雨[*]　龙显助　张洪志　王永平

编著人员：（按姓氏笔画列序）

于　丹　于永辉　于忠艳　于福军　王　东
王　岩　王永平　王丽娜　王春雨[**]　王洪刚
王铁成　王海军　龙　丽　龙志远　卢永超
白成宏　白铁良　曲晓荣　吕　欣　刘永泉
刘利峰　刘国辉　刘祥鸣　闫成璞　关明铭
杨洪杰　李　博　李亚清　李佳民　李爱华
李海滨　李基明　李续峰　邹佳瑞　冷　玲
张　仁　张　岩　张　鹏　张久明　张文成
张纪周　张志民　张清清　陆小超　陈桂梅
陈跃年　陈　棣　陈雅江　林　太　金　梁
郑贵彬　单旭滨　孟立志　孟宪宝　赵英会
赵凯达　赵春阳　赵鑫鹏　贲洪东　荣建东
胡国庆　胡耀成　姜连超　聂新华　顾大勇
曹　珊　康作喜　梁贞堂　董玉峰　董颖丽
景国臣　焦振生　温福来　熊尚书　潘绍英
魏　楠

[*] 1966 年生；[**] 1982 年生

序　言

黑龙江省西部沙区水土资源技术集成研究，是黑龙江省水利学校协同黑龙江省水利水电勘测设计研究院、黑龙江省水文地质工程地质勘察院、黑龙江省土壤肥料管理站、黑龙江省环境监测中心站、黑龙江省引嫩工程管理处、黑龙江省大庆地区防洪工程管理处、黑龙江省土壤肥料与环境资源研究所、黑龙江省水土保持研究院、杜尔伯特蒙古族自治县与哈尔滨双城区农业技术推广中心等单位共同研究的项目。研究从 2017 年至 2019 年完成。

研究区位于嫩江中下流与松花江干流上游以北、讷谟尔河与乌裕尔河分水岭以南、内蒙古自治区大兴安岭以东、通肯河与呼兰河分水岭以西，总面积 16.6583 万 km^2，占黑龙江省总面积的 14.71%。2016 年总人口 789 万人，占黑龙江省当年总人口的 20.7%，是国家和黑龙江省石油、石化工业与农牧渔业的基地，也是东北老工业振兴与黑龙江省中心地区。行政区包括哈尔滨与齐齐哈尔市的龙江、甘南、青冈、安达、肇东、兰西等县（市）以及讷河市的拉哈镇与兴旺乡。

水土资源环境是农牧渔业基本生产资料，也是无公害、绿色有机食品不可替代的生产资料基础。本书共分七篇：第一篇环境条件；第二篇土壤类型、开发利用存在问题及改良措施研究；第三篇水资源、水质问题与建设措施；第四篇 k112 籽粒苋适种与栽培技术；第五篇无公害、绿色有机食品生产地环境检验检测与评价研究；第六篇水土资源技术集成研究；第七篇结论实际是本书的总结。

水土资源技术集成研究，研究范围广、难度大，并与本单位中心工作相结合，体现了多部门共同协作研究，克服单一部门的局限性，并取得多项创新。总之，该项研究成果，对黑龙江省西部土水资源环境利用改良，大庆地区内农牧渔业经济可持续发展以及教学与科研实践等方面具有指导与参考作用。

2018 年 12 月

目　　录

第三篇　水资源环境利用保护措施研究

第四篇　k112 籽粒苋种植与栽培技术

第五篇　无公害、绿色有机食品产地环境检验检测与评价研究

第六篇　水土资源技术集成研究

第七篇　结　论

引　言

一、地理位置

研究区位于讷谟尔河与乌裕尔河分水岭以南，哈尔滨市松花江上游河漫滩地区，内蒙古自治区呼伦贝尔市大兴安岭以东、通肯河与呼兰河分水岭以西；行政区包括大庆市全境的县、市区；绥化市的明水、青冈、兰西县；齐齐哈尔市的市区、龙江、甘南、依安、富裕、泰来等县；讷河市的拉哈镇，兴旺乡。东经 122°30′~126°50′，北纬 47°50′~45°40′。总面积 66 583km^2，占黑龙江省总面积的 14.71%，总人口 1 331.03 万，占全省总人口的 34.86%，是哈尔滨、大庆、齐齐哈尔东北振兴老工业基地建设的中心地带，是黑龙江省政治、经济、文化的中心，全国石化工业的重点区域，也是黑龙江省农牧结合（半农半牧）的主要县（市）。

二、立题研究的重要意义

研究区是国家重要的商品粮、畜产品基地，更是黑龙江省、全国石油与石化工程重点产区，但也是苏打盐碱土与苏打盐碱化土壤、沙土、新积土等中低产农牧业生产集中分布区，且普遍存在风沙与春旱的危害，在多雨年的夏秋还有洪水的危害，春旱更为普遍，因此，粮食、农牧产品波动较大，有的至今还是贫困县。

三、研究的主要内容

1. 查明研究区环境条件。
2. 查明研究区土壤类型、利用改良中的主要问题并提出利用改良的措施。
3. 查明水资源量（地面、地下），利用现状与问题，预测需水量，提出科学利用节水的途径措施。
4. 对引进的优质粮、饲兼用的一年生 k112 籽粒苋在主要土类种植适应性与主要栽培技术。
5. 无公害绿色食品产地检测检验与评价。
6. 水土资源技术集成研究。

四、技术路线（研究方法）

利用生态学、系统工程学，结合研究区水土资源与测土配方施肥及利用改良以及研究的成果经验，采取沙区水土资源技术集成微观与宏观研究结合进行系统研究（即点面结合），边研究边应用。

五、主要研究成果与创新点

（一）主要研究成果

1. 阶段研究成果摘写成论文（3~5 篇），在国内刊物上发表。
2. 研究报告由中国农业科学技术出版社（30 余万字），正式出版发表。

（二）主要创新点

1. 通过不同深度进行地表、地下水质分析成果，提出深层地下水参与苏打盐渍土壤的形成。
2. k112 籽粒苋适种的土类（亚类）与适合研究区的栽培技术。
3. 发展无公害、绿色有机食品生产的途径措施。
4. 作物需水、土壤、地表、地下供水即四水转化利用措施。
5. 节肥节水增效途径措施。
6. 沙区水土资源技术集成措施。
7. 提出测耕地测土配方施肥途径措施。
8. 信息技术的应用。

第一篇　自然环境与社会经济环境

第一章　自然环境

第一节　气　候

一、平均气温

20世纪50年代至80年代月平均气温：哈尔滨3.6℃、齐齐哈尔3.2℃、安达（大庆）3.2℃、泰来、泰康县（今称杜尔伯特蒙古族自治县，全文简称杜蒙县）为4.2℃（沙区最高）。

2017年哈尔滨5.1℃；齐齐哈尔5.0℃；大庆（原为安达）为5.9℃。以上3个城市较50年代至80年代高，说明气候有变暖的趋势。

1月为每年最低的气温，20世纪50年代至80年代哈尔滨为-19.4℃；齐齐哈尔为-19.5℃；安达为-19.9℃（当时大庆尚未建立正式的气象站）。

7月是每年最高的气温；哈尔滨为22.8℃；齐齐哈尔为22.8℃；安达为22.9℃。

二、降水量

20世纪50年代至80年代，平均年降水量：哈尔滨为523.3mm；齐齐哈尔为415.5mm；安达为432.9mm；泰来为368.7mm（沙区最小）。

1月最少，哈尔滨为3.7mm；齐齐哈尔为2.2mm；安达为1.9mm。

7月最多，哈尔滨为160.7mm；齐齐哈尔为126.5mm；安达为137.1mm。

2017年全年降水量：哈尔滨为480.8mm；齐齐哈尔为273.7mm；大庆为486.3mm。

1月最少：哈尔滨为4.4mm；齐齐哈尔为0.3mm；大庆为0.9mm。

6—8月全年降水量最大：哈尔滨市6月为92.2mm；齐齐哈尔为49.4mm；大庆为73.4mm；7月哈尔滨为50.2mm；齐齐哈尔为33.1mm；大庆为92.2mm；8月哈尔滨为215.2mm；齐齐哈尔为79.3mm；大庆为219.5mm。

哈尔滨春季58.9mm；夏季357.6mm；秋季49.3mm；冬季15mm。

齐齐哈尔春季19.9mm；夏季161.8mm；秋季86mm；冬季6mm。

大庆春季28.2mm；夏季385.1mm；秋季66.9mm；冬季6.1mm。

三、风　速

20 世纪 50 年代至 80 年代年均风速 4. 1m/s；齐齐哈尔 3. 6m/s；安达 4. 0m/s；而 2017 年年均风速：哈尔滨 3. 1m/s；齐齐哈尔 2. 5m/s；大庆为 1. 9m/s；泰来全年 4. 1m/s（沙区最大）。2017 年较 20 世纪 50 年代至 80 年代普遍有降低的趋势。

四、日照（小时）

20 世纪 50 年代至 80 年代年均时数：哈尔滨为 2 641h；齐齐哈尔为 2 867h；安达（代表大庆）为 2 841. 3h。

2017 年分别为：哈尔滨 2 277. 2h；齐齐哈尔为 2 930. 5h；大庆为 2 531h。

年均日照 2016 年较 20 世纪 50 年代至 80 年代有减少的趋势。

沙区以泰来、杜蒙最高：全年日照最高为 2 916. 5h。

五、无霜期

初霜期一般在每年 9 月下旬，终霜期在 5 月上旬。由南到北为 145～136d。结冰期 205～213d，初期在 10 月上中旬；终期在 4 月末至 5 月上旬。

第二节　地貌与地质

一、地　貌

（一）高低河漫滩

分布在河江两岸，地势低凹，易受洪水淹没，境内多牛轭湖、沙洲、沙滩、沙坝，相对高度在 1m 左右。

（二）阶地

沿江河分布，高出高低河漫滩，洪水难于淹没，境内地形平坦，但微地形变化较大，坡度少于 3°，沟谷极少。高地多为残余阶地。

二、地　质

在地质构造上属华夏系第二沉降型，区内大部分为第四系地层覆盖，为一地整式盆地，包括大庆长垣、乌裕尔河凹隔、古龙凹陷、三肇凹陷。早白垩纪地壳运动加剧，形成较大的凹陷，湖盆扩大，堆积了厚约 600m 的砂页岩及泥岩沉积，以后盆地逐渐缩小。

第三纪早期受喜马拉雅运动的影响，盆地周围山地再次上升，至第三纪晚期，盆地开始向西偏移，凹陷收缩，湖盆移至依安—大庆—肇源以西，盆地内沉积了 200～280m 的内陆湖凹地层。

中新世松辽分水岭隆起，嫩江由南转向东，经黑龙江流入大海，使研究区成为一个独立的盆地，盆地中央下沉，形成了林甸、泰康（杜蒙）为中心的大湖，沉积了灰黑色淤泥渍黏土，构成了一个承压水盆地，全新系统以来除了间歇性上升形成以及阶地外，仍处于下沉状态。

在第四地层覆盖广泛，以冲积层、洪积层为主，厚 10~100m，上游哈尔滨一带有的沙砾石分布的承压水，但以 10~20m 为主，除了松花盆地外，大多为亚黏土覆盖。冲积平原则以冲积湖积物为主，沼泽、风积物次之，第四地层最厚可达 100~150m，一般为 40~60m，齐齐哈尔—泰康（杜蒙）最厚可大于 150m。

第三节　水　文

嫩江由北向南、松花江由西向东流经研究区，也是研究区的主要水资源。

一、嫩　江

嫩江发源于大兴安岭伊勒呼里山南侧的南瓮河，右岸由北至南为诺敏河（查哈阳灌区的水源）、阿伦河、音河雅鲁河、绰尔河等支流河道，水域面积 73 601km^2，其中属黑龙江省的面积 7 725km^2，占总面积的 10.5%；属于内蒙古自治区呼伦贝尔市 65 876km^2，占总面积的 89.5%，现为尼尔基水库（原布西水库），太平湖水库与音河等大型水库，灌溉面积逐年增加，也起到了防洪除涝的作用，已规划的花园、白庙子与翁泉等水库已列入“十三五”期间兴建。

嫩江左岸的支流均在黑龙江省境内主要支流，有讷谟尔河（水域面积 13 740 km^2）、乌裕尔河与双阳河（水域面积 37 739km^2），其中纳谟尔河与乌裕尔河均发源于小兴安岭山区。乌裕尔河与双阳河下游，到林甸境内后，无明显的河床流入九道沟湿地后漫散。

已先后兴建了山口、双阳河、东北、五一、先锋、上游、跃进、闹龙河、玉岗、东风等大中型水库。已规划待兴建的有北安、三边岗、富海等水库。

二、区内人工河道及其配套的滞洪区

为解决松嫩平原洪涝、盐渍与自然封闭状况，20 世纪 60 年代中期兴建了安肇与肇兰新河及其配套的王花泡、北二十里泡、中内泡、库里泡与青肯泡等滞洪区与青肯泡污水库等工程。

（一）安肇新河与滞洪区

全长 104km，包括王花泡、北二十里泡、中内泡、库里泡等四个大的滞洪区，经安肇新河于肇源县境内古恰闸泄入松花江干流上游。

（二）肇兰新河与滞洪区、污水库

肇兰新河全长 93km，经呼兰河在哈尔滨市以下流入松花江干流域（大顶山航电枢

纽以上）。

肇兰新河起源于青肯泡滞洪区泄洪闸，青肯泡滞洪区总面积138km^2，为自然洼地兴建而成，为解决大庆市龙凤石油总厂乙烯厂排出工业废水的需要，通过29km地下管线，将工业废水经厂内处理达标后，在青肯泡滞洪区南端用9km隔坝将青肯泡滞洪区25km^{2}作工业废水泄入的污水库，通过冬储夏排经肇兰新河与呼兰河泄入松花江干流。

二河与滞洪区的兴建，打破自然封闭状态，为区内发展灌溉，解决干旱、洪涝与盐碱灾害创造了工程条件。

三、松花江

松花江发源于吉林省境内的天池，到黑龙江省肇源县三岔河与嫩江汇合而成松花江干流，在同江市经黑龙江干流入海，研究区均属松花江干流的上游段的河漫滩及局部一级阶地。

研究区内的江河、泄洪区水质较好，其中江、河、库水质最好，适于人畜饮用。滞泄区及人工河道水质较差，虽不适于人畜饮用，但可用于草原的灌溉。

第四节　生　物

一、植　物

研究区均是草原地区，较高处均是农作物分布区，以小麦、大豆、玉米为主，而沙区则以经济作物、小杂粮为主，在沿江河水资源丰富的地区则有水稻田分布，且有逐年增加的趋势。

从1951年开始列入西满农田防护林建设范围，重点县开始营造农田防护林，1978年国家纳入“三北”防护林网已基本形成，网格为500m×500m，树种为单一的速生杨树林，在重点风蚀沙区也有成片造林，但大面积的草原，由于地形低平，加以盐渍化较重，造林不见林仍是无林的草原区，在防护林的保护下，风蚀沙区有一定程度的减轻。

研究区草原资源丰富，且品质好，为发展畜牧业提供了有利条件。主要草原类型有八种：即羊草+杂类草甸草场占草原面积的39.9%，针茅+隐子草甸草场，占草原面积的4.13%，野古草+山杏草+杂草草场占草场总面积的9.63%；羊草+虎尾草+杂类草占草场面积的18.16%，野生草+杂草的草场，占总草场面积的11.0%，星星草草甸草场，占总草场面积的8.25%，小叶樟+杂类草、沼泽草场，占总面积的4.12%，人工草场与其他杂类草场约占4.67%。

草场的特点，一是集中连片，便于管理，利用改良；二是草质好，除湿地沼泽分布小叶樟草甸场外，多以羊草、杂草草场为主；三是提高产量的潜力较大，20世纪50年代，每亩干草都在150kg以上，以后在以粮为纲的指导下，草原面积减少，质量亦有些下降，每亩产干草量只有50kg左右，在省人大的干预下，已将此区列为禁牧区，产草量与品质得以恢复，但潜力仍很大。

区内还有丰富的药材资源，可发展利用的中草药材有57科137种，此外，在水深1~2m淡水湖还有丰富的藻类30多种。

二、动　物

可养鱼水面较广，鱼类资源丰富，水产业发展潜力很大，水体中饲料浮游生物资源较多，为鱼类繁殖和生长提供了很好的条件。

研究区有野生哺乳类品种，有脊椎动物300余种，两栖类7种，鸟类种类较丰富，约有200种，有珍惜品种鸟类资源，其中多为候鸟，闻名世界的扎龙湿地自然保护区全部在研究区内。

第五节　土　壤

土壤是在自然环境条件形成的自然体，是农林牧业生产的基本生产资料，是人类赖以生存的环境条件。由于形成的环境条件的不同，形成不同质的土壤类型，本区土壤类型以黑钙土、苏打盐土、碱土类，草甸土、风沙土类为主，亦有石质土、暗棕壤、白浆土、沼泽土、黑土类以及栗钙土类小面积的分布，各类土壤的面积与利用改良措施，在第二篇中叙述。

第二章　社会环境

第一节　社会经济

一、土地与人口

本节以黑龙江年鉴2016年研究区数据资料为基础，涉及黑龙江省西部各县（市），包括齐齐哈尔市、哈尔滨市、大庆市城区；齐齐哈尔市的龙江、甘南、泰来、绥化市的明水、青冈、兰西、安达、肇东；大庆市的市区、肇源、林甸、杜蒙；此外还有讷河市的拉哈镇和兴旺乡，研究区总面积为66 583km^2，总人口1 341. 18万人，分别占全省土地总面积的4. 5%；总人口的35. 30%。

二、地区生产总值与人均地区生产值

地区生产总值：268 712 373万元；人均地区生产值31 139. 19元，以哈尔滨市最高为63 445元，绥化与齐齐哈尔市的县（市）最低，低于2万元的县有6个，包括：龙江、甘南、青冈、明水、兰西、泰来等，其中，齐齐哈尔占3个县，绥化市占3个县。

三、公共财政收入与支出

全省公共财政收入：哈尔滨、齐齐哈尔、大庆三市共计5 828 366万元；研究区的县（市）区为260 072. 24万元。

全省公共财政支出：哈尔滨市、齐齐哈尔市与大庆市共计15 529 340万元研究区县（市）区为637 893. 19万元。

从上可以看出公共财政支出普遍大于收入。

四、粮食总产量

粮食总产量：齐齐哈尔与哈尔滨市（含研究区外的巴彦、木兰、五常、依兰等县市）24 101 940t。研究区县（市）区211 176t。

区内县（市）大豆共计691 397t，年均每县（市）区为36 389. 32t，最高县（市）为154 300t（克山县），最小只有590t（泰来县）。

五、猪、牛、羊肉产量

哈尔滨与齐齐哈尔市共为 1 123 926t。县（市）区共为 977 743t，平均为 51 460. 6 t，最高为肇东市(125 538t)。最小的县（市）区为克东县（8 261t）。

六、可支配收入（元）

哈尔滨与齐齐哈尔市，城镇居民可分配收入为 33 190元与 24 629元；农民纯收入分别为 14 391元与 12 943 元。

县（市）区城镇居民可支配为 18 966. 05元，农村农民纯收入可支配为 195 680元。平均为 10 298. 95元。低于哈尔滨与齐齐哈尔两市的水平，但县（市）区别较大。

七、化肥施用量

哈尔滨与齐齐哈尔市化肥 2016 年实际施用量为 1 899 717t。

研究区县（市）区化肥的施用量 624 077 t，平均一个县（市）区的施用量为 624 075t。

八、农村用电量

哈尔滨与齐齐哈尔市农村用电量 280 371万度。

研究区县（市）区农村用电量 195 706万度。

九、农村总动力

哈尔滨与齐齐哈尔两市农村总动力 1 868. 9万 kW。

十、石油化工

石油与石化工业均在研究区内的大庆市境内，占全国第一，从俄罗斯东线引入的石油末端亦在国内大庆市内（表 2-1）。

表 2-1　研究社会经济环境汇总

（2017 年黑龙江统计年鉴 2016 年资料）

市（县）名称	土地面积（km^2）	年末人口（万人）	地区生产总值（万元）	人均地生产值（元）	公共财产（万元）		粮食产量（t）	大豆产量（t）	猪牛羊肉产量（t）	可支配收入（元）		化肥施用量（折纯）t	农村用电量（万 kW·h）	农村总动力（万 kW·h）
					收入	支出				城镇居民	农村农民纯收入			
齐齐哈尔	4 310	143.2	1 325.3 亿	25 690	763 519	431 064	10 808 488	824 197	493 875	24 629	12 943	806 796	88 842	829.9
哈尔滨	7 086	464.2	6 101.6 亿	63 445	3 760 384	8 762 945	13 293 452	241 760	630 051	33 190	14 391	1 092 921	191 529	1 039.0
大庆	5 107	122.3			1 302 463	2 635 331								
龙江县	6 200	59.2	969 807	16 338	46 174	39 571	194 232	1 808	68 056	17 421	12 725	52 164	11 765	174.7
富裕县	4 050	29.0	700 301	24 182	38 818	224 691	873 327	5 427	23 238	21 418	8 382	25 432	13 596	50.8
甘南县	4 792	47.9	749 082	19 499	37 662	283 389	1 078 510	14 825	23 667	16 203	6 368	27 162	8 833	73.5
肇源县	4 120	45.2	1 551 279	34 324	30 066	236 777	1 159 250	3 252	61 437	22 311	12 136	28 254	10 481	53.1
林甸县	3 493	26.2	552 871	21 318	23 572	201 466	938 821	8 733	41 855	15 267	6 818	23 606	11 020	97.0
杜蒙县	6 054	24.6	1 048 988	43 346	36 398	213 076	829 450	1 714	32 500	21 159	12 356	26 293	8 140	79.7
肇东市	3 905	88.0	4 029 990	45 129	164 365	448 672	1 797 611	1 769	125 538	24 949	13 902	73 269	22 316	70.0
安达市	3 586	46.7	3 297 298	20 230	93 200	403 617	1 013 327	3 811	50 025	24 826	13 977	16 827	14 605	55.6
青冈县	2 685	51.5	631 798	12 280	25 208	310 342	1 220 435	14 990	67 277	15 620	8 992	30 291	16 305	63.7
明水县	2 908	33.9	625 376	18 313	23 726	259 482	942 060	2 276	32 949	15 063	8 324	13 257	8 432	73.4
兰西县	2 499	49.4	645 100	13 032	27 088	311 963	1 146 246	4 325	46 828	15 046	7 368	43 852	14 270	47.3
双城区	3 112	78.8	5 555 223	70 578	100 650	415 807	1 655 114	867	80 345	23 599	13 797	76 919	28 441	85.2
泰来县	3 946	31.2	494 653	15 836	28 643	226 962	831 918	590	39 806	16 535	6 510	39 904	7 158	83.7
合计	67 853	1 341.2	20 851 766	443 540	6 501 936	15 405 155	37 782 241	1 130 344	1 817 447	307 236	158 989	2 376 947	455 733	2 876.6

说明：①齐齐哈尔与哈尔滨市包括城区土地与总人口，其他项目均包括研究区内及区别的县（市），因此较研究区大；②大同区：大庆市境内，包括大庆市城区及其他的区的资料；③化肥施用量，齐齐哈尔与哈尔滨是为实物施用量。各县（市）均为折纯量；④地区生产总值、人均地区生产值、公共财政收入、支出、粮食、大豆、化肥施用量、农村用电量与总动力均包括研究区内县（市）。但哈尔滨、齐齐哈尔、大庆三市外的县（市）均在研究区内

第二节　交通运输

研究区交通运输十分发达，全省第一条高速公路（哈大），第一条高铁（哈齐）都在区内，还有京哈、滨州、让通、齐北、平齐、哈满等铁路干线，此外还有哈满、哈黑等高速，高等公路为骨干，形成村、乡、镇、县、市相连完整的网络体系，还有哈尔滨市、齐齐哈尔市、大庆等国内国际航线，嫩江，松花江在非冻结期，还可以水路运输，为区内经济持续稳定发展发挥重要作用。

第三节　自然保护区与旅游区

研究区内有国家级自然保护区两个，省市级自然保护区两个，县级自然保护区十个，全国惟一城市龙凤湿地自然保护区，就在研究区内的大庆市境内，也是很好的旅游区，此外还有冰雪节，湿地景观，铁人纪念馆，地宫博物馆，连环湖旅游区，寿山休闲度假村，杜蒙蒙古族赛马场，林甸温泉疗养院等 30 个旅游景点，随着人民生活水平的提高，旅游景点设施的完善，服务水平的提高，旅游业具有较大的发展前景。

第四节　水利工程

20 世纪 60 年代中期，区内新建了安肇新河和肇兰新河及其配套的王花泡、北二十里泡、中内泡、库里泡、青肯泡六个大的滞洪区。并在青肯泡滞洪区的南端兴建了 25km^2 污水库，为区内排洪、排污打下了工程基础，也打破了历史上区内自然状况下的封闭状况，为发展水利工程灌溉排水、防洪、盐碱打下了工程基础设施，发展经济创造了很好的生态环境条件。

第二篇　土壤类型、开发利用存在问题及改良措施研究

第三章　土壤开发利用改良主要问题

第一节　土壤类型

土壤是一个独立的自然体，由气候、生物、地质地貌、母质、年龄五大因素形成，由于条件的不同，形成不同类型的土壤，自从人类开发利用后，也参与了土壤的形成。研究区由于土壤开发利用较晚，基本上保持自然状态，土壤不仅使人类生存的环境，也是农林牧渔业不可替代的生产资源。

研究区土壤类有暗棕壤、白浆土、黑土、黑钙土、草甸土、沼泽土、盐土、碱土、风沙土面积最大的是黑钙土、苏打盐碱土、草甸土类；面积最小的是白浆土、暗棕土壤类（表3-1）。

表 3-1　研究区土壤类面积

(来自黑龙江省第二次土壤普查数据册　上册)

地点＼土类	石质土	白浆土	黑土	黑钙土	草甸土				沼泽土		土类	碱土类	新积土类	风沙土类	备注
					土类	石灰性亚类	盐化亚类	碱化亚类	土类	盐化					
双城			171 992.6	60 235.5	64 749.5	41 687.3		0	1 042.1		0	0	1 188.0	0	
龙江	115 191.7	0	0	142 918.5	290 115.7	51 637.5	46 118.7	11 398.6	119.0		399.1	1 930.8	20 800.5	4 176.9	
甘南	43 159.8	0	80 698.9	41 860.4	283 891.7	107 313.0	26 188.7	554.0	3 032.3		1 783.1	649.3	962.9	341.7	①上册由刘兴山、蓝宏主编(1990年10月); ②草甸土类包括石灰草甸土亚类、盐化、碱化3个，为草甸类的亚类，其他均为土类的面积，包括农垦系统的资料; ③石质土类只有齐齐哈尔的龙江、甘南二县有，面积二县仅有34 171.3hm^{2}故表中未将此土壤列入; ④讷河市的拉哈镇与兴旺乡的面积虽属研究区内，但在面积中未包括进去; ⑤上表统计均为土类，不包括亚类的面积。
泰来	0	0	0	9 312.9	237 543.3	140 280.7	9 189.2	1 684.9	10 085.7	4 131.4	4 106.6	3 250.1	25 550.0	82 805.6	
富裕	0	0	1 957.2	152 767.3	168 079.5	65 850.7	18 609.9	5 988.6	26 435.1		8 087.3	8 140.4	4 849.0	2 483.6	
明水	0	0	70 490.7	82 284.9	71 855.2	58 890.9	2 901.0	0	1 260.3	0	93.5	3 341.1	34.7	253.1	
青冈	0	0	38 009.2	146 813.9	76 443.6	0	19 951.7	2 637.9	2 782.1	0		4 155.7	52.2	329.7	
兰西	0	0	37 799.3	109 825.7	79 938.5	129 091.9	36 801.2	0	406.3	0		7 259.5	9 166.1		
肇东	0	0	13 845.3	213 047.2	166 474.7	31 740.8	128.0	969.3	2 686.6	2 686.1	8 123.5	11 300.2	3 014.8	2 197.9	
安达	0	0	0	103 440.9	179 216.5	70 724.1	86 575.1	10 774.9	12 247.3	12 247.3	20 135.2	18 103.3	18 103.2	4 156.8	
肇源	0	0	0	75 351.3	167 757.2	47 314.8	38 615.1	21 194.4	37 488.7	8 417.5	20 278.5	20 213.7	4 474.5	30 724.8	
杜蒙	0	0	0	64 963.3	241 001.7	72 602.2	60 391.5	48 622.9	49 526.9	0	4 423.9	3 927.6	0	191 875.9	
林甸	0	0	0	254 443.3	71 497.0	65 005.7	6 151.1	46.4	28 335.4	0	4 056.5	11 212.0	0	367.2	
大庆全市			0	765 458.4	687 651.9	224 310.7	200 947.3	142 081.7	117 505.1	8 417.5	80 762.3	48 582.0	4 474.5	273 631.2	
共计	158 351.5	0	414 793.3	2 222 723.5	2 786 216.0	1 106 450.4	552 568.4	245 953.5	292 952.9	35 899.9	152 249.6	142 065.8	92 670.3	593 344.5	

说明：①此材料全部为第二次土壤普查的资料（黑龙江省第二次土壤普查数据册上册　1990年10月）；②全部数据包括地方，县市与黑龙江省农垦的土壤资料；③上表未包括研究区讷河的拉哈、兴旺的土壤资料；④上表单位均为公顷（hm^2）

第二节　风蚀、水蚀

一、风　蚀

研究区各类土壤均存在不同程度的风蚀，主要在春季地面植物未生长发育之前，秋收后上冻前也普遍有风蚀的危害。

二、水　蚀

坡耕地开发利用后，均存在不同程度的水蚀即水土流失，开发初期，多为顺坡起垄，加速了水土流失。20 世纪 50 年代中期有拉不断的拜泉（多为坡岗，黑土地生产的粮食总产多），填不满的安达（多为盐碱化与盐碱土）。2016 年的资料：拜泉县粮食总产量为 979 604t，农村人均纯收入 6 606元，人均地区生产总值 15 170元，而安达市粮食总产量 103 327t，农村农民纯收入为 113 977元，人均地区生产值 70 230元。安达市（县级市）较拜泉县分别高 33 723t、107 371元与 55 060 元。

第三节　用养失调、养地植物减少

豆类植物，因有根瘤菌可固定空气中的氮，是一种养料植物，可为下一年作物创造好的生态环境条件。开垦初期大豆面积占农作物种植的 30%以上。2010—2016 年下降到 24. 16%；农垦系统 2010—2015 年，豆类植物种植面积占农作物种植面积的 14. 34%（2015 年黑龙江垦区统计年鉴资料）。

第四节　土壤肥力下降

研究区基本上经历了开垦初期不施肥；施用有机肥的农家肥。生产队以畜为主，并成立积肥专业队；以化肥为主、农家有机肥次之到生产队专业积肥专业队取消，实行联产承包，土地归个体经营后，田间管理加强了，生产量也提高了，生产队解散后，以化肥、小四轮经营为主，据初步统计，小四轮进地，年达 12 次，其结果，犁底层上移且厚，耕层在 12cm 左右，土壤理化性质，降低土壤肥力，以及增加了水旱灾害。土壤肥力下降最明显的，以黑钙土类为主，一是黑土层变薄，开垦初期黑土层一般在 60～80cm 深的可达 100cm 以上，开垦 20 年黑土层的厚度减至 60～80cm，开垦 40 年减至 50～60cm，开垦 70～80 年的黑土层只剩下 20～30cm，水土流失严重的岗地只剩下表皮的一层，颜色由黑变黄即破皮黄；二是土壤有机质下降，黑土垦前表层有机质含量多为 3%～6%，甚至在 6%以上，开垦为耕地后，随着黑土层的减少，土壤有机质含量也随即降低，黑土开垦初期前 20 年中土壤有机质大约减少 2/3，开垦 40 年后大约减少 1/2，开垦 70~80 年后大约减少 2/3，其结果是土壤的理化性状变劣。

从表 3-2、表 3-3 黑土垦后土壤与养分情况就可以说明了。

表 3-2　黑土开垦后物理性状的变化

土地利用状况	土层（cm）	容量（g/cm^3）	田间持水量（%）	总孔隙度（%）	最低通气度（%）
荒地	0~30	0. 79	57. 7	67. 9	22. 3
开垦 20 年	0~30	0. 85	51. 5	66. 6	22. 8
开垦 40 年	0~30	1. 06	41. 9	58. 9	14. 5
开垦 80 年	0~30	1. 26	26. 6	52. 5	35. 8

注：* 引自孟凯等著黑土生态系统 120 页

表 3-3　不同开垦年限黑土养分状况

开垦年度	深度（cm）	pH 值	有机质（g/kg）	全氮（g/kg）	全磷（g/kg）	水解氮（mg/kg）	钙	镁	
荒地	0~20	5. 3	75. 0	4. 5	2. 3	79. 1	598	156	89. 6
	20~40	6. 2	5. 8	4. 0	2. 2	45. 0	582	158	90. 0
开垦 4 年	0~20	6. 0	7. 3	5. 2	2. 3	91. 3	664	118	90. 8
开垦 10 年	0~20	6. 1	62. 0	4. 1	2. 3	66. 4	654	118	88. 2
	20~40	6. 2	54. 0	3. 8	2. 2	45. 7	624	108	88. 7
开垦 20 年	0~20	6. 1	43. 0	3. 0	1. 7	60. 4	336	112	92. 2
	20~40	6. 2	28. 0	2. 4	1. 6	46. 6	362	98	92. 9

注：引自孟凯等著黑土生态系统 121 页

第五节　土壤盐碱化

研究区是苏打盐碱土及盐碱化草甸土集中分布的地区，据黑龙江省第二次土壤普查，盐土面积 138 419 hm^2，碱土面积 109 721 hm^2，盐化与碱化草甸土类面积 67 060 hm^2。由于土壤含的盐、碱较多，对农牧业生产造成危害，对目前尚不是盐碱化的土壤，由于灌溉、排水不当，也可能形成盐碱化的土壤，土壤一旦形成盐碱土后，轻则减产，重则寸草不生。必须加强防治，关键是要有完善的排水系统与排水出路，结合农牧业等，综合利用改良措施。

第六节　土壤污染

研究区是黑龙江省政治、经济发达的区域，也是哈大齐东北老工业基地的中心地带，随着农牧业、石化工业生产与人口的增加，排泄的工业废水废渣和垃圾对土壤也造成不同程度的影响、危害，国营大型企业虽经厂内处理后达标排放，但乡镇企业对污染的处理仍较滞后，有的至今仍给土壤造成危害。

第七节　大量元素营养、轻微量元素营养施肥方式不科学

植物生长既需要 N、P、K 等大量营养元素，也需要小量的微量元素，如 Zn、Mn、Mo、Se 等微量元素，植物需要量虽少，但缺时也会影响产量与品质。

在施肥方法上，着重表层，但中后期，植物根系下延，植物根系也将从土壤深层吸收营养元素。因此，中后期由于缺少营养物质也会影响产量与品质，因此，只有分层施肥，植物从深层吸收营养元素，又有大型农机，通过旋耕、深耕结合后深层施肥才能解决，而小四轮耕作是解决不了的。

第四章　利用改良措施

第一节　全面规划，综合治理

黑龙江省被国家确定为生态建设省后，在省、市、县均建立了生态建设办公室，并完成省、市两级的生态建设规划，有的县也完成生态县建设的规划，并依据规划，进行了实施，为此，研究区要在已有生态规划的基础上进行实施与完善，将研究内容充实生态建设的范围，进行农、林、牧、副各业规划，综合治理、利用与改良。

研究区大部分的县（市）属农牧结合的县（市）。但在以粮为纲方针政绩考核的影响下，草原开为农用地，改革开放以来，虽提出退耕还牧，恢复草原，发展牧业，但草原面积仍未恢复原来的面积，在生态规划中应本着宜农则农，宜牧则牧，重新对土地进行规划，亦可推行草田轮作制，将全面执行土壤资源生态利用与保护作为政绩考核的目标。

第二节　扩大养地作物种植

豆类植物由于可以吸收空气中游离氮素，可以减少氮肥的施用量的投入，为下年植物创造好的土壤环境条件，是很好的肥茬，但豆类产量较低，在以粮为纲方针和粮食产量作为政绩考核的指标，为此大豆面积逐年减小，沿海地区进口大豆多为转基因大豆（产量高），价值低，也影响黑龙江省种植非转基因大豆品种，虽品质好，但产量与价值均较低，直接影响大豆的种植面积。2018 年哈尔滨市规定种植一亩大豆，市里辅助 320 元，加之宣传非转基因的大豆及其豆油，对人们健康带来益处的宣传，养地大豆的面积将有较大的提高与恢复，研究区内沙质土壤适于生育期较短的绿豆、红小豆的生长。

第三节　改顺坡垄为横坡垄与种植豆科林带

开垦初期，坡岗地为排水不便，多为顺坡打垄，加速了水土的流失，经过三四十年开垦种植后甚至成为破皮黄，在严重地区已失去了农业用地的价值，应尽快地将顺坡垄改为横坡垄，结合种植紫穗槐（南部气温较高的坡耕地）、胡枝子（北部气温较低的地区）等灌木林带，既可走出水，又可保住土，从而减少水土流失的危害。

第四节 改土培肥，提高土壤肥力

土壤资源基本特征是具有肥力，土地承包给个体经营后，由于加强了田间管理，产量在短期内得到提高，但随着国力不断加强，要求提出更多的优质农产品，因此必须在自愿互利的基础上，土地较大范围连片的经营。

一、恢复有机肥与农家肥

自从生产队与专业积肥队解散后，农村基本不施用农家肥，靠化肥维持最低的生产水平，这种局面随着人民生活水平的提高，国有实力不断地加强，目前分散经营、剥夺土壤资源的生产方式，难以适应新形势的需要，因此，必须连片经营，恢复专业积肥队伍，提高农家肥的数量与品质，使土壤资源持续为农牧业生产，发挥更大的作用。

二、秸秆还田，提高土壤有机制

目前国营农场，由于使用大型农业机械，在玉米等高产作物，收割后将秸秆粉碎全部还田，并随即旋耕、深耕翻入土壤之中，秸秆翻入土壤后，经过秋冬春的熟化，即增加了土壤有机含量，又改善了土壤的理化性质，提高了土壤肥力，减少了化学肥料投入的成本。

三、充分利用泥浆、腐泥等有机物质改土培肥

研究区，特别是沙区等河漫滩、湖泡等地，具有丰富的有机物质，可以就地取用以改良瘠薄的风沙土与冲积土，提高土壤有机制含量，培肥地力，提高农牧业的产量与品质。

第五节 实施科学的耕作与轮作休闲制

一、科学的耕作

土壤由农户承包个体经营后，一般耕层多为 10～12cm，结果犁底层增厚与上移，土壤容量增加，降低了土壤蓄肥、保肥、供肥与蓄水、供水能力以及增加了土壤脱肥与水旱灾。如土地连片经营，用大型农业机械，既可达到科学耕作，又可以争取农时，这点对高寒的黑龙江省尤为必要与重要。

二、实施科学的轮作与休闲制

研究区是地多人少区，适于实施科学的轮作与休闲制，黑龙江省连续 14 年丰收，有条件实施科学的轮作与休闲制。

习近平总书记作“十三五”规划建议的说明指出：经过长期发展，我国耕地开发利用强度过大，一些地方地力严重透支，水土流失，地下水严重超采，土壤退化，耕地污染加重已成为制约农业可持续发展的突出矛盾。当前，国内粮食库存增加较多，仓储补贴负担较重。同时，国际市场粮食价格走低，国内外市场粮价倒挂明显，利用现阶段国内外市场粮食供给宽裕的时机，在部分地区实行耕地轮作休耕，有利于耕地休养生息和农业可持续发展，又有利于平衡粮食供求矛盾，稳定农民收入，减轻财政压力。

根据习总书记的指示，安排一定面积用于休耕，并对休耕农民给予一定的现金补助，确保急用时粮食能够产得出，供得上。

第六节　防治土壤资源污染

研究区是黑龙江省人口比较集中的分布区，也是国家石化工业区，也是全省三废污染较严重区。

研究区哈尔滨、齐齐哈尔与大庆等 3 市 2016 年 3 个市废水排放量达 68 321. 2万 t，占全省 138 334. 8万 t 的 49. 30%；烟（粉）尘排放量 244 288. 2万 t 占全省 447 060. 9t 的 54. 64%；

化学肥料 3 个市实际施用量 2 247 622t 占全省 5 138 394t 的 43. 74%，化学肥料施入土壤经转化为亚硝酸盐也会污染土壤资源环境。

农用薄膜对农业特别是高寒的黑龙江省，提高土表温度、保水、保肥、促进植物生长从而提高产量、品质，但残留在土壤中的农膜，也会使土壤资源环境污染。

对以上的污染物采取对策措施，一是强调并实际加大企业排废物必须进行厂内处理达标后才允许排入厂外土壤资源。二是提高化学肥料植物利用率（目前利用率为 30%~40%）与科学分层施肥以及无机、有机肥混施。三是对残留在土壤中的塑料地膜、薄膜回收再利用，尽快研制可溶于土壤中的有机塑料薄膜，逐步替代传统的不可分解塑料薄膜。

第七节　改造已有的农用防护林并加强草原的林业建设

一、改造已有的农田防护林

目前的农用防护林，多在三北防护林建设试点期间与黑龙江省 20 世纪 70 年代三田建设期间完成的农田防护林，品种乔木均为杨树，结构亦不太合理，因此，必须对目前的农田防护林，在调研的基础上，进行改造，增加用林，林为针叶林以及豆科的灌木林形成乔灌结合的林带，对老化严重、过稀的林带，要进行改造与加密。

二、加强草原的林业建设

加强草原林业建设，解决造林不见林的无林状态。

第八节　测土配方施肥

测土配方施肥，是国际公认的建设现代化农业的一项新技术，对改善土壤板结、理化性状、地力下降、环境污染等状况提高耕地综合生产水平具有重要的作用，世界上发达国家都十分重视测土配方施肥技术的推广应用，美国早在20世纪60年代就构建成功完善的测土配方技术与服务体系，也建立了规范化的测土配方施肥技术体系和周到的服务保障。

国家农业部、财政部为贯彻党的十八大与中央一号文件，关于加强三农建设以及国家粮食安全生产的需要以及国际上发达国家的经验，在全国开展以县（市）、农场为单位，分期开展测土配方施肥项目，并由中央解决专项的主要资金与实施的技术规程规范。

黑龙江省委、省政府十分重视测土配方施肥项目的建设，成立了黑龙江省测土配方施肥领导小组，并由黑龙江省长担任组长、黑龙江省农委、黑龙江省财政厅、黑龙江省科技厅、黑龙江省农业科学院、东北农业大学主要领导担任副组长，由有关厅、委、校所属领导具体负责。在资金方面，除中央下达专项资金，黑龙江日报、电视台进行宣传、讲座，承担项目的县（市）农场主要领导也是测土配方施肥项目具体事项，解决本县（市）、农场测土配方施肥项目具体事项，该项研究立题进行研究后，并将测土配方施肥项目列为研究的主要内容之一，并由研究组的刘国辉与县（市）农场具体协调与研究。

一、主要研究成果

（一）项目研究区的县（市）

有哈尔滨市市区、双城、兰西、青冈、明水、安达、肇东县（市），拜泉、克东、克山、依安、富裕、甘南、龙江、讷河市的拉哈镇与兴旺乡、泰来、齐齐哈尔市市区、大庆市区、杜蒙、林甸、肇州、肇源。

农场有查哈阳、克山。

以上各县（市）农场已完成了测土配方施肥项目的各项要求，各项目县（市）、场均成立了化验室，配备了专业人员及设备。

（二）项目研究主要内容

1. 采取土水样并进行室内分析，分析项目包括N、P、K含量、土壤有机质含量。

速效的碱解氮、速效 P、速效 K，中微量元素有 Mo、Mn、Zn 等。盐分（限于盐渍土壤区），矿化度、阴阳离子（Ca^{2+}、Mg^{2+}、K^{+}、Na^{+}、CO_3^{2-}、HCO_3^{-}、Cl^{-}、SO_4^{2-}）总盐量。

2. 3414 田间试验。

试验区小的县（市）场 3 个，多的达 80 余个。

3. 测土配方肥的研制。

测土配方肥逐年增加，少的 60 万亩（15 亩 = $1hm^2$。全书同），多的在 100 万亩以上。

4. 建设配肥站。

每个县（市）、农场，少则一处，多则 4~5 站。

以上各项措施，对于施肥成本不同程度的减少。

5. 对本县（市）场、耕地地力进行了分级，做到心中有数，以双城区为例分级如下。

一级地力耕地 23. 71 万亩，占耕地面积 7. 1%；

二级地力耕地 23. 73 万亩，占耕地面积 10. 1%；

三级地力耕地 140. 28 万亩，占耕地面积 42%；

四级地力耕地 68. 47 万亩，占耕地面积 20. 5%；

五级地力耕地 49. 77 万亩，占耕地面积 14. 9%；

六级地力耕地 18. 04 万亩，占耕地面积 5. 40%。

6. 宣传与培训。

通过宣传广播，发放材料，干部与农民提高了测土配方与科学施肥的认识。

二、主要效益

（一）经济效益

凡进行测土配方施肥的耕地粮食产量与亩节支均取得明显的经济效益。

亩增产粮食：玉米 30~38kg，水稻 30~50kg，大豆 9kg。

亩节约开支：平均为 18~80 元。

龙江县配肥站以县农业技术推广中心为技术依托，由中心提供配方，并对配方肥的生产、销售、施用进行监督指导，确保测区农户用上优质价廉的配方肥，到 2015 年全县共用配方肥 3. 46 万 t，面积达 190 万亩。

（二）社会效益

1. 各级领导对测土配方施肥、粮食、绿色食品安全生产可持续发展的认识。

2. 促进农民科学施肥观念与方法的认识与转变。

3. 推进耕地质量培肥地力的建设积极与自觉性。

（三）生态效益

实施测土配方施肥，有效控制化肥、农药的投入量，玉米亩施纯氮由原来的 16kg，减至目前的 13. 5kg，氮肥利用率由原来的 30. 4%，提高到目前的 34. 8%，农药亦减少了 1~2 次，从而减小污染源对水土资源与空气的污染，逐步对作物高产和生态环境保护相协调的目标。

（四）信息化技术应用

1. 利用研究区耕地资源调查数据进行软件的组件开发，进行土地利用现状、土壤类型属性、行政区划分类，土壤理化性状、地形地貌类型等信息的查询、分析、汇总、应用。

2. 移动客户端科学施肥指导服务

根据研究区的气候条件、灌溉能力、土壤类型、栽培品种、生产水平、耕作制度等因子，综合利用“3S”技术（Rs 遥感技术、GIS 地理信息系统、GPS 全球定位系统）移动通信网络技术、科学施肥技术等确定专家推荐施肥模型库，集成多学科形成现代化农业技术专家服务体系。

杜蒙县 11 个乡镇，耕地面积 136 756. 91hm^2，是黑龙江省风沙土集中分布的地区，对风蚀耕地与草原很有代表性，其利用改良措施，可以参考利用。

全境总面积 617 600hm^2，其中耕地面积 136 756. 9hm^2，草原面积 211 362hm^2，水域面积 136 653hm^2，林地面积将 60 660. 6hm^2，总人口 257 000人，2009 年年底全面完成了耕地地力调查评价。

第三篇　水资源环境利用保护措施研究

第五章　水资源量与水质研究

第一节　地表水资源量环境

地表水资源量主要来自天然降水量与嫩江（由北至南）、松花江上游（由西至东），过境的水资源量（汛期多枯水期少）两部分。

一、天然降水量

根据研究区内的县（市）历年逐月降水量，年平均为486.6mm，年最大为807mm，最小年只有210.3mm，4月播种期为年的16.41%，6—9月为299.45mm，占全年降水量的61.54%。形成春旱秋涝、旱涝并存的特点（表5-1）。

二、过境水资源量

利用嫩江干流中下游、松花江上游系列水文资料进行地表水资源量计算，黑龙江省西部多年平均径流约为155.53亿m^3，其中嫩江区地表水资源量为68.18亿m^3，松花江区为87.35亿m^3（表5-2）。

表 5-1　研究区各市县历年逐月降水量汇总

市县	资料（年）	1	2	3	4	5	6	7	8	9	10	11	12	年均	历年记载		生育期（4—9月）
															年最大	年最小	
富裕	43	2.40	1.80	4.40	21.70	29.80	53.00	133.60	94.90	41.20	16.10	3.70	2.80	405.40	694.90	232.80	374.20
林甸	38	2.30	1.55	4.97	18.34	28.38	71.54	114.22	102.39	37.51	16.53	4.37	3.38	405.48	686.15	266.95	438.00
大庆	26	2.10	1.63	4.62	20.79	28.31	71.00	127.09	130.09	40.58	16.51	5.15	2.74	451.32	651.00	242.00	382.66
明水	37	1.89	4.99	1.73	8.62	28.78	81.75	114.44	106.21	34.03	12.79	5.40	3.81	449.35	728.00	302.70	348.15
安达	48	1.48	1.67	5.03	12.26	32.56	58.32	117.86	112.15	38.20	16.54	6.50	2.55	405.12	644.10	268.70	371.07
青冈	19	0.94	1.63	0.33	14.62	34.64	67.98	127.86	100.38	48.79	11.65	10.00	3.62	425.04	648.00	330.10	390.80
杜蒙	48	1.97	1.08	3.23	18.58	22.52	54.34	132.19	94.67	34.55	11.80	3.49	3.82	382.29	594.50	254.70	339.38
肇东	38	3.26	2.64	7.69	16.19	34.19	70.27	141.42	99.91	40.31	19.13	7.63	4.19	446.64	752.10	210.30	400.60
兰西	19	1.99	2.12	5.61	18.00	35.82	73.94	111.59	98.42	63.00	19.28	2.90	3.09	435.71	661.80	438.90	400.77
肇源	22	2.20	1.80	5.50	12.60	31.60	54.60	105.20	105.20	37.40	22.40	5.80	2.50	386.70	634.30	198.20	346.40
哈尔滨	75	3.70	4.90	11.30	23.80	37.50	77.90	160.70	97.00	66.20	27.60	6.80	5.80	523.30	1 014.90	340.50	494.00
齐齐哈尔	43	2.20	1.80	8.60	13.40	31.00	64.00	126.50	99.70	45.40	16.10	3.50	3.40	415.50	807.50	279.10	384.50
泰来	31	1.20	1.30	4.10	10.10	21.50	72.70	116.90	81.70	41.40	12.70	3.60	1.50	368.70	613.30	226.80	342.90
均值	37.46	2.13	2.22	5.16	16.08	30.51	67.03	125.35	101.75	43.74	16.86	5.30	3.32	423.12	702.35	276.29	385.65

表 5-2　嫩江、松花江干流地表径流

河流名称	地点	干流地表径流量	多年平均降流量（亿 m^3）	P=75%年径流量（亿 m^3）
嫩江	嫩江同盟段	10.80	170.90	16.13
	富拉尔基区	12.00	183.10	122.97
	嫩江桥	16.26	225.32	149.56
松花江	哈尔滨	38.98	456.69	337.95

第二节　地表水质

一、环境地表水质类别

从表 5-3 说明，嫩干拉哈北引渠省水质最好，Ⅰ～Ⅲ166 个水样分析，Ⅰ～Ⅲ类占 97.65%北引红旗泡水质次之，Ⅰ～Ⅲ类水样分析，数值占 97.31%，呼兰河口与松干上游大顶子山水质，虽不如嫩江及北引红旗泡水库，但仍达 95.38%与 89.47%，适于人畜饮用。青肯泡滞洪区水质较差，产量较低，如能饮用优质的嫩江水（已有工程与北引嫩江水东湖水库相连）水质是可以改善的。

表 5-3　环境地面水水质研究类别

地点	五年均值	水样（个）	Ⅰ类		Ⅱ类		Ⅲ类		Ⅳ类		Ⅴ类		Ⅵ类	
			个	占（%）	个	占（%）	个	占（%）	个	占（%）	个	占（%）	个	占（%）
嫩干拉哈	30	154	132	77.64	24	14.12	10	5.90	4	2.40	0	0	166	97.65
红旗泡水库（北引）	9	47	173	77.58	17	7.62	27	12.11	1	0.45	5	2.24	217	97.31
青肯泡滞洪区	4	16	105	55.48	6	4.93	5	7.00	11	9.45	19	11.56	116	64.87
呼兰河口	33	132	136	80.77	18	9.23	9	5.35	4	2.31	3	2.31	163	95.38
大顶子山（松干）	14	66	149	78.42	8	4.21	43	6.84	9	4.74	11	5.79	170	89.47

二、农田、草原灌溉土壤改良

（一）嫩江干流拉哈北引渠首与北引渠首水质成果与北引红旗泡水库及东湖水库

嫩江干流拉哈北部引嫩渠首，因来自植被覆盖高而未被人为污染区，水质最好，适于农畜饮用，改善生态的优质水，也是很好的农田与草原灌溉的水源（表 5-4 至表 5-6）。

（二）肇兰新河农田灌溉、土壤改良水质研究

肇兰新河是 20 世纪 60 年代中期，在原自然青肯泡的旱河基础上兴建的滞洪区与肇兰新河，水质不如嫩江干流北引的反调节水库，不适于人畜饮用，但在旱年可以作农田与草原灌溉土壤改良之用（表 5-7）。

表 5-4　北引拉哈嫩江水农田灌溉土壤改良地面水质研究成果表

日期	pH 值	CO_3^{2-}	HCO_3^-	Cl^-	SO_4^{2-}	Ca^{2+}	Mg^{2+}	Na^++K^+	总矿化度（g/L）	德国度		氟（mg/L）	灌溉系数（a）	备注
		mg/L								总硬度	总碱度			
通水前均值	7.37	—	61.35	6.85	21.50	6.50	2.75	20.75	0.088					通水前均值为 1970 年 4 月与 9 月均值，20 世纪 90 年代 1998 年特洪前包括通水后 20 世纪 80 年代历次水质分析的均值
20 世纪 90 年代 1998 特洪前均值	7.06	—	54.58	3.46	10.41	11.26	4.19	7.24	0.091	2.62	1.27	0.2	381.32	
较通水前	-0.34	—	-15.22	-3.39	-10.09	5.76	1.44	-13.51	-0.003					
1998 特洪后 1999 年 9 月	6.78	—	77.16	0.52	12.27	14.54	12.44	4.8	0.126	2.85	3.55	0.4	85.19	
2000 年均值	7.22	—	61.60	2.67	8.55	10.95	6.13	6.57	0.105	0.29	3.21	0.25	196.12	
较通水前	-0.18	—	0.25	-4.18	-12.95	4.45	3.38	-14.18	0.017					
较 1998 年特洪前	-0.16	—	-7.02	-0.79	-1.87	-0.31	1.94	-0.67	0.014	-2.33	-0.35	0.05	-185.21	
2001—2005 年均值	7.33	—	57.27	3.82	9.45	10.21	7.29	4.98	0.094	2.72	2.87	0.38	385.16	
较通水前	-0.07	—	-12.53	-0.48	-12.05	-1.39	4.59	-10.42	0.055					
2006 年 5 月	7.63	—	63.34	10.88	15.47	12.39	9.38	6.37	0.118	3.90	4.23	1.50	187.62	
2006 年 9 月	7.24	—	40.33	8.15	14.12	12.39	5.63	2.39	0.083	3.03	1.85	0.10	250.62	
均值	7.44	0	51.84	9.52	14.79	12.39	7.50	4.38	0.101	3.47	3.04	0.80	210.03	
2007 年 6 月	7.94		97.51	10.88	0.34	13.80	15.47	13.56	0.145	3.68	4.48	1.00	65.43	
2006—2007 年均值	7.57	0	68.87	8.07	8.15	12.13	10.09	7.64	0.113	3.29	3.46	0.72	220.20	
2006—2007 年均值较通水前	0.20	0	7.52	1.22	-13.36	5.63	7.34	-13.11	0.025	0.67	2.14	0.52	-161.12	

表 5-5 北引红旗泡水库农田灌溉水质研究成果表

日期	pH值	CO_3^-	HCO_3^-	Cl^-	SO_4^{2-}	Ca^{2+}	Mg^{2+}	Na^++K^+	总矿化度 (g/L)	德国度		氟 (mg/L)	灌溉系数 (a)	备注
		mg/L								总硬度	总碱度			
20世纪80年代均值	8.14	5.61	297.41	27.98	30.52	27.67	12.67	74.99	0.43	6.74	11.89			
2003年均值	8.14	3.84	134.43	7.85	11.36	31.42	4.76	12.52	0.21	5.49	6.55	0.40	109.89	
2004年均值	8.08		168.42	9.64	9.26	35.09	7.47	19.76	0.25	6.63	7.74	0.40	52.61	
2005年均值	8.55	12.39	157.62	10.89	17.96	34.53	18.62	17.03	0.27	6.34	8.65	1.50	35.96	
2002—2005均值	8.15	5.49	154.05	7.99	13.71	34.02	9.33	16.42	0.24	6.03	7.40	0.78	69.84	
较20世纪70年代	0.10		-177.31	-27.18	-9.10	+0.67	-3.99	-56.25	-0.09	-0.47	-1.57			
2006年9月	7.60	—	120.94	10.88	23.01	26.29	7.51	19.27	0.21	5.41	5.56	0.10	113.65	均为6月、8月、9月3个月的均值
2006年5月	8.10	—	432.02	40.84	45.34	7.74	17.82	168.43	0.71	5.20	19.85	1.50	4.88	
2007年6月	8.73	15.99	167.99	10.88	5.38	35.59	8.43	28.38	0.27	6.93	9.21	0.50	38.40	
2003—2007年均值	8.26	6.44	180.99	130.23	15.62	29.83	10.39	34.31	0.29	6.14	9.01	0.72	59.22	
20世纪90年代11月9日	6.60	0	160.48	14.07	6.00	34.57	17.65	1.06	0.24	8.91	7.58		145.09	
20世纪90年代年均值	-1.66	-6.44	-20.51	-166.16	-9.62	+4.74	+7.27	-33.25	-0.06	+2.77	-1.43		+85.88	
20世纪90年代较20世纪80年代均值	-1.54	-5.15	-281.36	-13.91	-24.52	+6.65	+4.98	-73.93	-0.19	+2.17	-4.31		+100.83	

表 5-6　北引东湖水库地面水水质研究成果表

日期	pH 值	CO_3^-	HCO_3^-	Cl^-	SO_4^{2-}	Ca^{2+}	Mg^{2+}	Na^++K^+	总矿化度 (g/L)	德国度		氟 (mg/L)	灌溉系数 (a)	备注
		mg/L								总硬度	总碱度			
通水前 1970 年 6 月	8.50	50.90	832.30	12.80	102.00	39.90	7.90	66.21	1.04					
通水后 1988—1997 年均值	7.84	0.43	244.27	15.83	57.49	25.89	29.38	47.12	0.46	8.94	11.26	0.53	39.16	
2000—2002 年均值	8.37	16.11	290.97	19.49	28.66	22.78	9.74	103.40	0.49	5.43	14.88		9.38	
较 20 世纪 90 年代特洪	+0.64	+15.73	+77.22	+3.24	-21.65	+0.30	-15.96	+49.63	+0.09	-2.40	+5.02	+1.14	-29.39	
2003 年均值	8.84	34.57	304.61	21.41	29.20	15.16	15.31	122.82	0.54	5.65	17.23	2.06	8.46	
2004 年均值	8.32	24.01	292.90	53.53	109.89	21.50	15.39	117.33	0.68	6.56	15.70	1.9	9.22	
2002—2005 年均值	8.55	77.68	224.61	41.05	52.95	18.21	23.37	91.22	0.54	6.97	4.77	1.42	22.27	
较通水前	+0.05	+26.78	-607.69	+28.25	-49.05	-21.70	+15.47	-269.28	-0.50					年均值包括 6 月与 9 月
2006 年 5 月	7.75		345.62	46.30	53.03	38.62	14.07	114.68	0.61	8.66	15.88	1.50	8.62	
2006 年 9 月	8.35	11.33	357.15	16.34	60.90	32.49	14.07	119.14	0.61	7.79	14.47	0.40	7.56	
2007 年 5 月	8.35	26.65	433.49	27.23	43.66	12.39	18.76	7.51	0.74	6.06	22.41	2.50	4.57	
2003—2007 年均值	8.39	22.72	345.59	33.37	59.93	21.15	15.88	91.14	0.64	6.63	17.63	1.85	7.59	
2009 年 11 月 9 日	8.31	22.12	404.62	42.19	27.38	27.29	14.34	151.46	0.69	7.13	20.66		5.26	
20 世纪 90 年代较 2003—2007 年均值	-0.08	-0.61	+59.03	+8.81	-32.55	+6.15	-1.55	+60.31	-0.05	+0.50	+3.03		-2.33	
20 世纪 90 年代较 20 世纪 90 年代年均值	-0.19	-28.78	-427.68	+29.39	-74.62	-1.26	+6.44	+85.25	-0.35					

表 5-7　肇兰新河农田灌溉土壤改良水质研究

地点	年度	水期	pH 值	阴离子（mg/L）				阳离子（mg/L）			总矿化度（g/L）	德国度		氟（mg/L）	灌溉系数
				CO_3^{2-}	HCO_3^-	Cl^-	SO_4^{2-}	Ca^{2+}	Mg^{2+}	Na^++K^+		总硬度	总碱度		
肇兰新河肇东镇南段100m	1993—1996 年	均值	7.63		679.24	139.44	508.16	38.13	37.97	477.78	1.88	13.71	32.21	1.65	3.23
	2003—2007 年均值	枯水期	7.15		745.24	35.33	301.28	57.81	12.27	348.22	1.70	12.07	34.27	2.88	3.10
		丰水期	7.13		569.71	101.32	242.74	41.09	20.56	310.07	1.29	10.56	26.18	3.05	9.17
		均值	7.14		657.64	68.32	272.01	49.45	16.41	329.14	1.49	11.32	30.23	2.97	6.13
	较 20 世纪 90 年代		-0.45		-21.60	-71.11	-236.15	+11.32	-21.55	-148.64	-0.38	-2.39	-0.99	+1.32	+2.90
	2009 年 11 月		7.68	0	674.39	105.50	818.43	61.86	34.20	578.82	2.27	16.55	30.99		3.45
	2009 年较 20 世纪 90 年代		0.05	0	-4.48	-33.94	+310.27	+23.00	3.76	+101.04	+0.40	-2.84	-0.22		+0.22
肇兰新河肇东镇庆丰桥段100m	1970 年	均值	8.48	45.80	625.25	109.05	167.60	33.90	23.55	338.30	1.03				
	2003—2007 年均值	枯水期	7.71		717.38	79.77	271.27	58.43	25.28	320.92	1.49	13.55	27.51	2.92	3.82
		丰水期	7.62		532.13	98.55	74.77	32.76	33.31	219.34	1.05	9.88	24.42	3.25	3.87
		均值	7.67		624.75	89.16	173.02	45.60	29.30	270.14	1.27	11.72	25.97	3.09	3.84
	90 年代较 20 世纪 70 年代		-1.32	+45.80	-0.50	+19.89	+5.42	+11.70	+5.76	-68.17	+0.44				
	2009 年 11 月		6.04	0	599.46	52.75	639.38	96.43	54.07	353.33	1.80	25.97	27.55		10.92
	90 年代较 20 世纪 70 年代均值		-2.44	-45.80	-25.79	-56.30	+471.78	+62.53	+30.52	+15.03	+0.77	+14.26	+0.04		+7.08
肇兰新河二道河出口	20 世纪 2003—2007 年均值	枯水期	7.74		528.03	76.35	249.59	49.00	17.75	277.14	1.21	11.44	24.61	2.56	3.79
		丰水期	7.66		598.16	98.60	91.40	30.38	27.71	249.67	1.10	10.34	10.14	2.10	3.74
		均值	7.70		563.09	87.47	170.49	39.69	22.73	263.40	1.15	10.85	17.38	2.33	3.77
	较 20 世纪 90 年代		-0.41		20.22	-36.70	-73.13	+4.33	-5.54	-56.82	-0.15	-0.69	-8.72	+0.63	-0.31
呼兰河	20 世纪 90 年代 11 月		6.63	0	142.36	38.68	0.82	32.25	18.76	6.05	0.34	8.91	6.54		52.80
	20 世纪 90 年代 2006—2007 年均值		-0.90	0	-30.77	+15.53	-18.16	-9.80	+9.85	-20.61	-0.05	+0.90	-1.42		-35.86

（三）安肇新河农田灌溉土壤改良水质研究

安肇新河亦是20世纪60年代中期兴建并完成的人工河道，大庆油田及化工基地均在此流域之内。

安肇新河始于王花泡滞洪区泄水闸，经北二十里泡、中内泡、库里泡等滞洪区，于肇源县古恰闸泄入松花江干流上游江段，全长108.1km^2，工程总控制面积1 400km^2，总集水面积13 832km^2，滞洪区总计最大库泄量7.835 1×108m^3，最大积水面积470.60km^2。

其中王花泡—北二十里泡河道长8.1km；北二十里泡—中内泡河道长16.9km；中内泡—库里泡河道长51.3km；库里泡—古恰闸河道31.8km。河道的主要任务是排泄古恰闸以上滞洪区及各区间的来水。河道设计标准：各河段均较5年一迂，洪水流量30~44m^3/s，按20年和50年一迂洪水标准筑堤，各河段一侧堤兼做管理道路（表5-8）。

（四）杜尔伯特蒙古族自治县地面、地下水质研究

杜尔伯特蒙古族自治县是黑龙江省风沙土类集中分布区，也是研究区风蚀重点地区，为此，2018年6月与9月对该县地表与地下水均分别采取了水样，进行重点分析，研究分析结果均在表5-9和表5-10。

第三节　地下水水质

一、浅层地下水质、水位

研究区地下水研究，最长的是北部引嫩乌南总干开挖期间，便开始以总干渠为中心，两岸500~1 000m开始布设，并进行了土壤水盐动态规律的研究，期间对安达、林甸、肇东、肇州、肇源的气象观测场内以及林甸灌区良种大队，肇东尚家红明一队，典型区结合土壤改良措施，也开始土壤水盐动态规律的研究，20世纪80年代中期围绕肇兰新河（含污水库）大庆乙烯厂外排水的需要，在河的右侧也进行土壤水盐动态规律的研究，但均是浅层地下水位、水质的研究。

其水位变化与降水量关系密切，汛期丰水期地下水位为1~2m，水质矿化度也较低，在1.0g/L左右，枯水期潜水位亦较低，水位多在5.0m左右，水的矿化度一般在1.0g/L以上。

二、中层地下水

通过对林甸、安达、杜蒙、肇州、肇东等5县（市），地下水位为150~220m，其井群，均为当地县（市）城镇自来水主要来源，大庆油田采用地下水下灌后造成地下水位下降漏斗区4 800km^{2}后改用北引嫩江水注入地下后，地下水位才逐年上升，肇东市亦从松花江干流，利用涝洲灌区引松总干入肇，城镇供水才能得到解决，但电费等成本高也是问题。

三、深层地下水

在大庆打油井时，在2 000m以上，出现温泉水，且水质富含人体所需的微量矿质元素，在林甸、杜蒙等县利用温泉水开展度假、旅游、治疗等活动（表5-11）。

表 5-8 安肇新河滞洪区农田草原灌溉土壤改良地面水质研究

地点	年度	水期	pH 值	阴离子（mg/L）				阳离子（mg/L）			总矿化度（g/L）	氟（mg/L）	灌溉系数	备注
				CO_3^{2-}	HCO_3^-	Cl^-	SO_4^{2-}	Ca^{2+}	Mg^{2+}	Na^++K^+				
王花泡滞洪区	1970 年	枯水期	8.62	531.35	2 217.73	414.05	1 146.90	21.10	153.95	1 745.70	5.27			①灌溉系数少于 4 即不能用于灌溉，越大水质越好；②氟的含量大于 1.0 即反应氟病，越大氟害危害越大；③总矿化度较低较好
	2003—2007 年	枯水期	8.20	10.34	488.75	51.23	33.32	26.67	21.45	175.85	0.80	2.48	5.99	
		丰水期	8.61	52.16	362.69	39.45	46.59	20.39	14.79	158.29	0.65	2.08	5.95	
		均值	8.31	31.25	425.72	45.34	39.95	23.53	18.08	167.07	0.73	2.28	5.98	
	较 1970 年	枯水期	-0.30	500.10	1 792.01	368.11	-1 106.95	+2.43	-135.87	-1 578.63	-4.54			
北二十里泡滞洪区	1970 年均值		8.82	97.75	732.05	39.90	96.90	22.80	12.40	734.40	1.39			
	2003—2007 年	枯水期	7.72	4.92	368.41	110.35	44.72	35.53	13.19	169.17	0.75	1.62	23.47	
		丰水期	8.01	8.64	444.81	108.88	53.13	30.99	25.82	203.79	0.92	1.82	4.47	
		均值	7.87	6.78	406.61	109.62	48.93	33.26	19.50	186.48	0.83	1.72	13.94	
	较 1970 年		-0.96	-90.97	-325.44	+69.72	-47.97	+10.46	+7.10	-547.93	-0.55			
中内泡滞洪区	较 1970 年均值	枯水期	9.17	57.10	1 568.35	1 409.95	711.95	10.00	25.45	2174.90	5.78			
		枯水期	8.45	37.93	464.46	178.50	114.68	27.86	20.92	297.49	1.13	3.98	6.33	
	1970 年	丰水期	8.68	56.88	518.24	224.64	137.84	34.21	18.26	377.57	1.28	2.44	3.15	
	2003—2007 年	均值	8.57		491.35	201.16	126.26	31.03	19.59	337.53	1.21	3.21	4.74	
库里泡滞洪区	1970 年	枯水期	8.67	151.70	796.95	760.80	1 000.65	8.53	17.75	1 031.45	2.77			
		枯水期	9.05	95.12	644.10	165.14	161.77	18.90	23.79	498.45	1.71	2.96	1.99	
		丰水期	9.13	142.73	584.93	314.00	179.03	14.04	21.10	522.79	1.71	3.14	1.89	
		均值	9.09	118.23	614.51	239.57	150.40	16.47	22.40	510.62	1.71	3.05	1.94	
		较 1970 年	+0.42	-103.75	-182.44	-521.23	-850.25	+7.94	+114.65	-520.83	-1.06			

表 5-9　杜尔伯特蒙古族自治县可溶盐分析成果表（重点风沙土类区）

地点	pH 值	阳离子（mg/L）						阴离子（mg/L）							总计（mg/L）	备注
		K^+	Na^+	Ca^{2+}	Mg^{2+}	NH_4^+	合计	HCO_3^-	CO_3^{2-}	Cl^-	SO_4^{2-}	NO_3^-	NO_2^-	合计		
中引龙虎泡水库 2018 年 7 月	8.15	2.95	81.08	31.06	9.72	0.84	125.65	231.19	30.73	37.79	13.2	9.62	0.005	322.54	448.19	1. 引嫩龙虎泡水库在杜蒙境内，其余各处亦在杜蒙县境内，右面 5 个水样均是 2018 年 7 月与 9 月完成，地表混合水包括地表水与温泉水。2. 除 2018 年 7 月与 9 月采取的水样，余水样都是在水稻试验区，在连环湖境内完成的。（2011 年 6 月的水样均由省水文地质工程地质勘察院实验室完成分析。）
杜蒙连环湖（连环湖镇）	8.22	3.35	135.27	31.06	12.76	0.28	182.72	349.87	39.94	51.87	15.20	9.83	0.005	466.71	699.43	
杜蒙连环湖镇，试验地下水井深 100m（2018 年 7 月）	6.86	0.68	52.07	118.24	22.49	0.26	193.92	537.32	0	52.75	7.5	7.91	0.120	605.6	799.52	
杜蒙龙虎泡水库浅井	6.75	1.25	66.69	76.15	15.80	3.00	162.89	418.64	0	50.13	15.0	2.72	<0.004	486.49	649.38	
杜蒙度假村地表混合水	8.32	2.68	76.08	36.07	3.65	0.24	118.72	218.68	15.36	31.52	20.0	13.03	0.004	299.02	417.74	
杜蒙水田试验区 2011 年 6 月水田地	8.39	10.25	214.80	21.52	4.74	1.44	252.75	362.38	12.3	106.78	65.0	6.52	<0.004	552.98	805.73	
杜蒙水田试验区硒水池 2011 年 6 月	8.44	10.25	143.70	39.12	20.17	0.12	213.36	499.85	18.42	42.72	20.0	16.77	<0.004	597.16	810.52	
杜蒙水田试验区渠水 2011 年 6 月	8.73	2.59	203.00	15.65	8.30	0.08	229.62	362.38	30.73	94.34	55.0	14.03		556.49	786.11	

表 5-10　杜尔伯特蒙古族自治县水质中重金属分析

地点名称	Fe^{2+}	Fe^{3+}	锰	铝	铜	镉	锌	砷	汞	铅	硒	铬	锑	HPO_4^{2-}	可溶 SiO_2	H_2SiO_2	耗氧量
龙虎泡水库（2018年7月）	0.24	1.12	0.083	0.061	<0.008	<0.002	0.040 0	0.009 63	0.000 201	0.001 3	<0.000 1	<0.004	0.000 820	0.44	12.21	75.87	4.93
连环湖	0.16	0.12	0.047	0.038	<0.008	<0.002	0.006 1	0.003 51	<0.000 05	<0.001	<0.000 1	<0.004	0.001 280	0.096	6.64	8.63	9.78
连环湖试验井水（100m）	0.04	0.48	0.934	<0.01	<0.008	<0.002	0.004 5	0.001 50	0.000 057	<0.001	<0.000 1	<0.004		0.536	13.35	17.35	1.37
龙虎泡水库浅井	0.56	2.08	0.249	<0.01	<0.008	<0.002	0.006 1	0.011 33	0.000 108	<0.001	<0.000 1	<0.004	0.000 640	1.047	18.04	23.45	2.59
杜蒙度假村混合水	0.252		0.026	<0.01	<0.008	<0.002 5	0.009 0	0.008 56	<0.008 56	<0.001 3	<0.000 1	<0.004	<0.000 050		12.95	16.83	3.92

以上前 4 个水样由熊尚书主任完成，杜蒙度假村地表与地下水混合同由张久明完成采样。

全部水样分析均由省水文地质工程地质勘察院实验室完成的

表 5-11　研究区地下水水质研究

（mg/L）

项目名称	林甸温泉			和平牧场	北引灌区				城镇供水			总均值	备注
	进水	出水	均值	井水	富裕灌区	林甸灌区	讷河兴旺灌区	均值	安达市	林甸镇	均值		
K^+	3.43	3.50	3.47	2.65	0.81	2.62	1.01	1.48	1.01	1.01	1.01	2.15	
Na^+	715.00	718.50	716.75	124.50	27.05	745.00	44.99	272.35	140.35	152.60	146.475	315.02	
Ca^{2+}	4.01	4.01	4.01	55.11	40.08	3.01	59.12	34.07	39.08	87.17	63.125	39.08	
Mg^{2+}	1.22	1.22	1.22	20.06	24.92	1.22	17.02	14.39	4.86	38.90	21.88	14.39	
NH_4^+	1.00	1.12	1.06	0.36	<0.02	0.94	<0.02	<0.03	0.20	0.16	0.18	<0.41	
小计	724.66	728.35	726.51	202.68	92.86	752.79	122.14	322.60	185.50	279.84	232.67	371.11	
HCO_3^-	1 334.32	1 349.51	1 341.92	329.98	280.68	1 007.82	369.15	552.55	369.95	803.65	586.80	702.81	
CO_3^{2-}	104.39	104.39	104.39	25.20	18.00	29.76	0	15.92	17.88	0	8.94	38.61	
Cl^-	285.47	280.22	282.85	75.66	4.47	486.03	5.35	165.28	29.78	3.51	16.645	135.11	

（续表）

项目名称	林甸温泉			和平牧场	北引灌区				城镇供水			总均值	备注
	进水	出水	均值	井水	富裕灌区	林甸灌区	讷河兴旺灌区	均值	安达市	林甸镇	均值		
SO_4^{2-}	0.80	<0.50	<0.65	70.00	0.60	<0.50	7.00	<2.70	33.50	37.00	35.25	<27.15	
NO_3^-	0.37	1.99	1.18	3.14	0.75	1.06	7.48	3.10	0.31	0.54	0.425	1.96	
NO_2^-	<0.004	0.16	<0.082	0.05	<0.004	<0.004	0.008	<0.005 3	0.004	<0.004	<0.00	<0.03	
小计	1 725.35	1 736.27	1 730.81	504.02	304.50	1 530.7	388.99	741.40	451.42	844.7	648.06	906.07	
Fe^{2+}				5.92	<0.04	<0.01	<0.04	<0.03	0.36	0.28	0.32	<2.09	
Fe^{3+}				0.48	<0.04	<0.01	<0.04	<0.03	0.04	<0.04	<0.04	<0.183	
Mn	<0.01	<0.01	<0.01	0.093	0.90	<0.01	0.25	<0.386 7	0.12	0.49	0.305	<0.1987	
Al	<0.01	<0.01	<0.01	<0.01	0.10	0.053	0.10	0.084	0.04	0.02	0.03	<0.033 5	
Cu	<0.008	<0.008	<0.008	<0.008	<0.008	<0.008	<0.008	<0.008	<0.008	<0.008	<0.008	<0.008	
Cd	<0.002	<0.002	<0.002	0.003 3	<0.004	0.003 2	<0.004	<0.003 7	<0.004	<0.004	<0.004	<0.003 25	
Zn	<0.002	<0.002	<0.002	0.004 6	0.048	0.017 7	0.02	0.028 6		<0.004	<0.004	<0.009 8	
As	<0.000 5	0.002 12	<0.001 31	<0.000 5		0.000 54	<0.002 5	<0.003 95	<0.002 5	<0.002 5	<0.002 5	<0.008 26	
Hg	<0.000 05	0.000 186	<0.000 12	<0.000 05	<0.000 1	<0.000 05	<0.000 1	<0.000 08	<0.000 1	<0.000 1	<0.000 1	<0.000 35	
Pb	<0.001	<0.001	<0.001	<0.001	<0.02	<0.001	<0.02	<0.013 7	<0.02	<0.02	<0.02	<0.008 5	
Se	<0.000 1	<0.000 1	<0.000 1	<0.000 1	0.000 13	<0.000 1	0.000 12	<0.000 12	<0.000 13	0.000 11	<0.000 12	<0.000 11	
Cr	<0.004	<0.004	<0.004	<0.004	<0.004	<0.004	<0.004	<0.004	<0.004	<0.004	<0.004	<0.004	
Sb	<0.000 05	<0.000 05	<0.000 05	<0.000 05									
HPO_4^{2-}	0.025	0.225	0.125	0.13			0.22	0.22	0.12	<0.05	<0.085	<0.14	
可溶 SiO_2	22.59	22.94	22.765	18.46	10.40	19.20	16.00	15.20		14.40	14.40	17.71	
H_2SiO_3	29.37	29.82	29.595	24.00		24.96		24.96		18.72	446.20	24.32	
总碱度	1 268.49	1 280.95	1274.72	312.68	5.20	17.51	302.77	108.49	333.25	559.14	251.48	535.52	

（续表）

项目名称	林甸温泉			和平牧场	北引灌区				城镇供水			总均值	备注
	进水	出水	均值	井水	富裕灌区	林甸灌区	讷河兴旺灌区	均值	安达市	林甸镇	均值		
总硬度	15.01	12.51	13.76	217.70	4.05	0.25	215.19	73.16	120.11	382.84		139.02	
总酸度	0	0	0	0.00					0			0	
氟化物	5.93	7.40	6.66	0.55									
溴化物	0.31	0.60	0.45	0.09		1.33		1.33				0.62	
碘化物	0.30	0.40	0.35	0.02		0.50		0.50				0.29	
氰化物	<0.002	<0.002	<0.002	<0.002		<0.002		<0.002	<0.002	<0.002	<0.002 5	<0.008 5	
挥发性酚	<0.002	<0.002	<0.002	<0.002	<0.002	<0.002	<0.002 5	<0.002 17				<0.002 06	
游离 CO_2	0	0	0	0	0	0		0		21.12	21.12	5.28	
耗氧量	1.40	1.75	1.75	2.56		3.84		3.84	2.13	5.97	4.05	3.05	
溶解性总固体	1 804.44	1 807.99	1 807.99	732.44	367.42	1 797.92	342.55	835.96	472.94	736.96	604.95	995.33	
pH 值	8.52	8.59	8.59	8.03	7.89	8.27	8.45	8.20	7.96	7.32	7.64	8.12	

第六章　水资源环境利用改良存在主要问题

第一节　年内、年际、区域差距大

一、年　内

降水量普遍较低且分配不均。

春播、早期降雨多在10%以内，形成春旱，而植物生育期年降雨在70%左右，在丰水年往往形成洪涝灾害。

二、年　际

丰水年与枯水年差异大，丰水年为700~1 000mm，个别区甚至超过1 000mm，而枯水年只有210~215mm，北引渠首甚至引不进嫩江水（兴建嫩江拦江闸，结合尼尔基水库供水后已改变枯水年引不进嫩江水）。

三、区域降水量

降水量林地多于农牧业平原地区，雨水多年的形成低平原区的洪涝灾害，低平原春热季由于降水少形成干旱、半干旱。且乌裕尔河与双阳河甚至出现季节性断流。

第二节　管理不善

一、用水效率低，节水潜力大

研究区大部分灌区渠道未加采取措施，农田灌溉多数仍采用大水漫灌的方式，灌溉用水渠利用系数偏低，城市管网漏失率偏大，生活节水设施普及率低，浪费现象较普遍，但节水潜力大。

二、缺乏水资源统一调配与管理机制

长期以来，由于重建设轻管理，重骨干工程、轻配套工程，管理工作薄弱，致使用

水控制不严，不能实行定额化管理，用水费偏低，导致水的浪费现象较严重。

三、污水处理利用率较低

国家的企业，坚持厂内达标处理循环利用后，多余的工业废水达标后才允许排至厂外，且有较严格的环境保护的监测体系，而乡镇企业缺乏严格管理，有的仍在污染水资源。

第三节　水源工程建设滞后

黑龙江省是资源与农牧业的大省，又是地方财政收入的小省，规划的水源工程由于匹配资金不足，工程难以如期建设。1950 年就已规划阁山水库，也成立了施工建设指挥部，但被迫在 21 世纪才开工建设，嫩左的花园水库才有可能于“十三五”建设期间兴建。

工程管理部门为保证工程与维修成本，已建的滞洪区仅可能多泄、少蓄，所以很难为当地生态建设提供较多的水资源。

另外，风蚀沙区在区内较为普遍，特别是春季，植物尚处于休闲苗期，风大、降水量低，易形成风蚀沙化。

第七章　水资源环境建设

第一节　加速水资源环境工程建设

抓紧节水配套工程，为使阁山水库建设发挥更大的效益，必须相配套建设节水工程体系，避免产生新的浪费现象。

做好新建为花园水库、付海水库开工前的准备，力争在国家“十三五”计划期间动工建设。根据黑龙江省内的相关计划进度，研究区全面执行。

黑龙江省虽已列入国家重点水利建设 172 项计划之中，但仍应积极进行充分的准备，充分利用国家重点水利建设 172 项计划。

第二节　加强堤防与配套工程建设

一、堤防工程

通过 1998 年与 2013 年两年区内发生洪涝灾害对原有的堤防工程，普遍进行加高培厚与清障，应逐堤进行调查研究，对发现的问题应进行认真处理，达到国家和省的防洪要求，避免洪涝灾害再度发生。

二、水土保持

对坡大的顶部，坚决退耕造林种草，保土保水，防治风蚀沙化。

防护林网宜乔灌结合，南部温度较高适于种栽紫穗槐，北方温度较低时种胡枝子带，切实做到走出水保住土，做到防风固沙。

第三节　加强蓄滞洪区建设与应用以及生态用水

一、胖头泡蓄洪区

为解决嫩、松、干特大洪水灾害的危害，在肇源县境内西部低平地兴建了胖头泡蓄滞洪区，工程面积 1 990km^2，是解决肇源西部与哈尔滨等大中城市受嫩，松、干特大水灾害而兴建的蓄滞区，意义重大，力争完成并建成兴利。

二、安肇与肇兰两河及其相配套而建的滞洪区

为确保研究区的防洪安全与改善区内生态环境，两河利用低平原中的低洼地兴建了滞洪区，为防洪治涝，改善区内生态发挥了重要的工程作用，应在保证防洪安全的前提条件下，仅可能多蓄小排，就地解决生态环境，这点在干旱、半干旱的研究区尤为重要。

三、生态用水列入用水规划

研究区内，有数以百计的沼泽湿地，国家级的湿地自然保护区——扎龙湿地自然保护区就在研究区，由于研究区属于干旱与半干旱区域，没有水源保证，湿地生态就无法保证，因此，在进行北引工程扩建规划设计时，应将生态给水列入扩建规划之中。

第四节 以丰补枯，地下地表水与提高土壤蓄水供水能力

一、以丰补枯建设连通工程

研究区在嫩江干流右侧，降水量山地林区农牧业生产较小，但降水量大，水资源丰富，而平原区农牧渔业生产集中，但降水量少，应进行连通工程建设，将山地林区丰富的水资源，用连通工程解决平原农牧渔业与湿地补水的水源不足的问题。

二、地下水截流工程建设

嫩江干流右岸的甘南、龙江二县，靠近大兴安岭林区处，由于下部多为沙砾石层，地下水较快流失，如兴建地下水截流工程可提高地下水储水能力，并提供新的水源。

三、提高土壤蓄水供水能力

已耕地，在秋收后，立即进行秋耕秋耙，可以提高土壤蓄水与播种苗期土壤的供水蓄水与供水水源的能力，随着农村经济发展，土地连片经营后，购置大马力农业机械能力的提高，有可能在较短时间内解决快收与秋收后及时秋翻耙地，提高土壤的蓄水保水与供水能力。

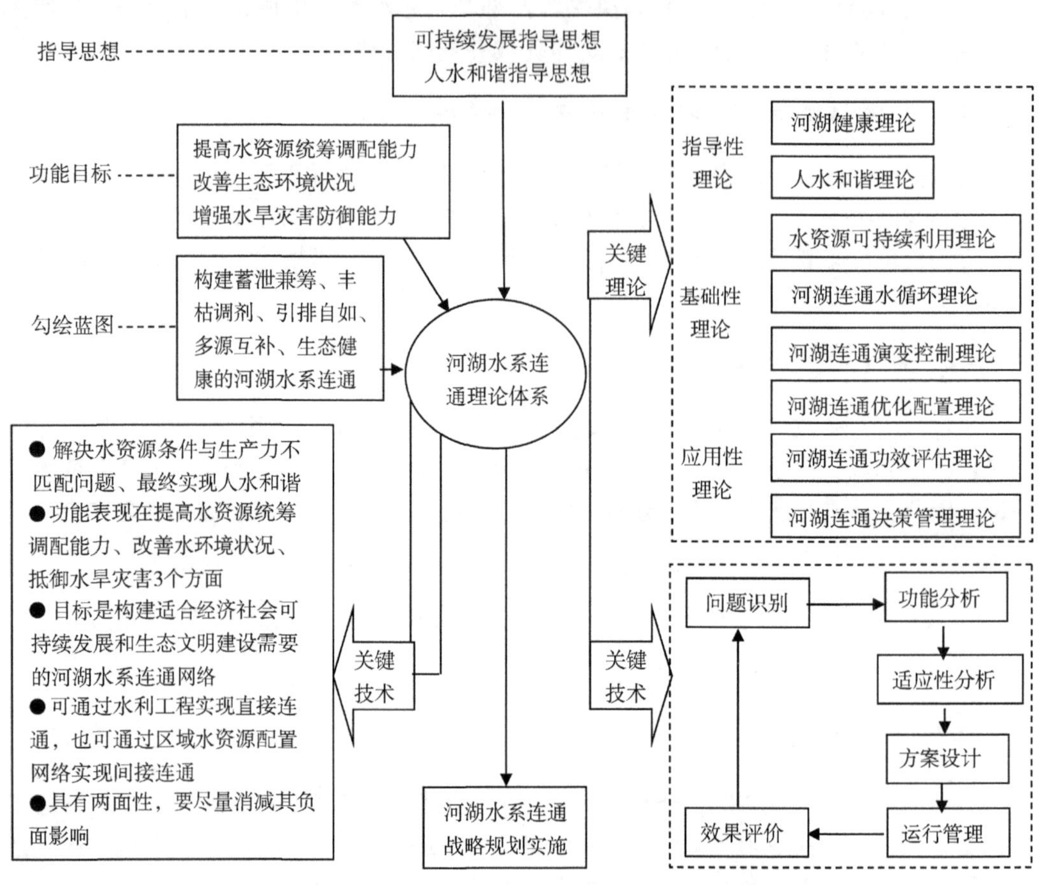

图 8-1　黑龙江省西部河湖水系连通的理论体系框架

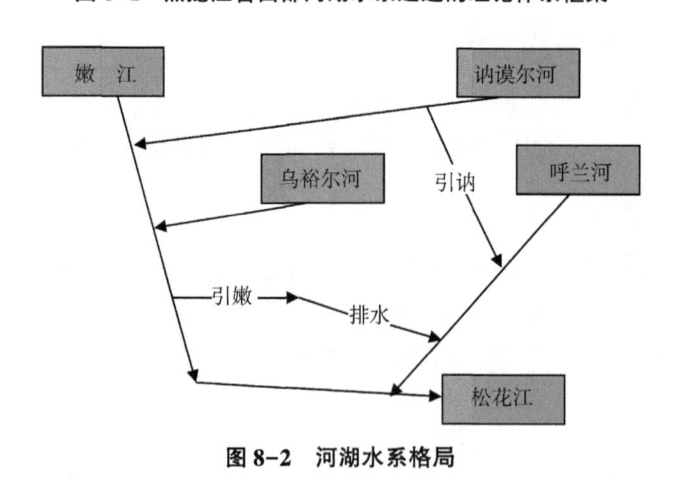

图 8-2　河湖水系格局

第四篇　k112 籽粒苋种植与栽培技术

第八章　k112 籽粒苋种植成功

k112 籽粒苋是全国苋科植物协作组组长岳绍先研究，从美国现代的农业研究中心引入的优质品种，经国内提纯复种的优质品种。

第一节　高寒的黑龙江西部试种成功

k112 籽粒苋在黑龙江省西部风蚀区沙区研究区，通过 2017 年、2018 年两年在研究区的试种研究均获得了成功，但由于基础肥力与管理水平的差异，各土类的产品数量与质量均有明显的不同，最好的是双城农业技术推广中心试验地种植的效果最好，经 2018 年 9 月 18 日调查，平均株高 3. 25m，最高达 3. 4m，平均单株鲜产 3. 45kg，最重的达 4. 16kg，折合亩产鲜重为 14 754. 9kg，亩产干重 1 674. 4kg。

第二节　生物学原理

k112 籽粒苋原产于墨西哥，属一年生草本植物，全株紫红色，随着生长叶面绿色，叶背仍为红色，茎粗 2. 5cm，茎上有明显的沟棱，分枝 20~40 个，叶片大而厚，单株大小叶片达 400 个，生于主茎和分枝顶端，主穗由多个小穗枝组成，紧凑直立，紫红色。种子粉白粒，扁圆形，双面沿边有环形，脐边凸出，种皮光滑无毛，种子小。千粒重仅 0. 5g 左右，生育期 100~105d。

高产、优质、抗逆性强耐旱、耐盐碱的特点。种子含赖氨酸 0. 92%，粗蛋白 14. 8%，粗脂肪 6. 29%。叶片营养价值更高，孕蕾期叶片粗蛋白含量达 28. 31%，茎为 15. 57%，开花期单株重达 2. 5~3. 5kg，一年可割 2~3 次，每公顷可产重 7. 5 万~15 万 kg，折干草 1. 07 万~2. 14 万 kg，是优质青饲料，可直接喂饲，亦可做成叶粉蛋白饲料。

k112 是当前作畜禽青饲料最好的品种，主要叶片蛋白高，枝叶繁茂，适应性强，是理想的优质、高产饲料。

第九章　k112 籽粒苋栽培技术

通过 2017 年与 2018 年两年对 k112 籽粒苋栽培试种，总结一套较成熟的栽培技术。

第一节　选择牧草与饲料品种对路

籽粒苋属于饲料作物，要与牧草及其他饲料统一考虑，甚至多样性种植，才能达到既为养殖业提供饲料又改善生态环境，促使农牧业的可持续发展，因此，选择牧草与饲料种植时必须遵循生态学原理。

一、降水量

在没有灌溉条件时，降水量在 350mm 以上，土壤不宜过湿，故不宜在水稻田旁种植。

二、温　度

在霜冻前收割，籽粒苋耐旱，也能在短期内耐涝，但不能超过 10 天。

三、耐盐碱

指籽粒苋能耐轻、中度盐碱化的草甸土、草甸黑钙土，但不是含盐碱越多越好，超过一定程度，也不能生长。

四、耐　旱

籽粒苋比较耐旱，属于旱生植物，在干旱、半干旱的条件下，也能生长，故研究区适于籽粒苋的生长，但在苗期或生长旺期灌水可以提高产量与品质。但水分过多、排水不良，易烂根、倒伏、多病、低产等现象。

第二节　k112 籽粒苋的整地与播种

一、整　地

k112 籽粒苋生育期三个半月至四个月，因此，选好茬整好地是栽培的重要基础。

最好是秋收后，选好耙好地起垄，次年坐水埯种为宜。在整地时要结合施底肥。达到分层施肥的目的。

二、播　种

直播与直播育苗移栽均可，播种时间应在大田播种后，在 5 月下旬 25 日前后为宜。由于种子小，亩播种量 50~100g。如育苗移栽，播种的种子量可以宜适当减少。一般提前 20~30d 进行育苗，盖塑料薄膜，移栽时要浇水或在雨后移栽，或灌水后移栽。

第三节　田间管理

一、间苗与定苗

苗高 8cm 左右要间苗，过密的苗拔掉，苗大不留小，如出苗不齐，可就地补苗，15cm 高时进行定苗，定苗就是将苗与苗之间保持 15~30cm 距离，把多余的苗拔掉间苗后就不动了，拔掉的苗可以食用或饲用。

二、除杂草

k112 籽粒苋幼苗期生长较慢，极易受杂草危害，因此苗期除草是非常必要的，也是籽粒苋能否成功的关键。当籽粒苋株高达 20~30cm 以后，生长速度非常快，可有效地抑制杂草的生长。不必要锄草，拔除大草即可。

三、培　土

株高 1~1.5m 时，植株高大，开始有花穗。这时由于头重遇风使植株倾倒，因此要在根际培土，垄的两侧为浅沟，雨后既保水又排水，还防止了土壤湿引发根腐病，对旱作区挖沟则有利于蓄水。

四、施　肥

结合耕翻施好底肥，然后再施追肥，如不施肥产量就达不到理想要求，所以施肥是增产、保质的关键，底肥最好每亩施腐熟厩肥 4 000kg，如没有厩肥可代以磷二铵 15~20kg，追肥则以氮肥为主，配合施磷钾肥更好，雨后追肥效果较好，一般亩施尿素 15~20kg，分两次为宜。

五、防治病虫害

如见病株，及时拔掉埋入土内，如在茎基部发现烂根较普遍，及时用 0.1%甲基托不津喷洒，虫害一般不发生，个别有青虫食叶片，可按一般农药喷治。

第四节　籽粒苋的收获

k112 籽粒苋属无序穗状花序植物，种子成熟期不一样，所以以收籽实为主要目的的籽粒苋实时采收十分重要。

如用作青饲料，割收期最好为现蕾到开花期，相当于播后 50 天，株高达 1m 左右，可进行第一次收割，苗茬 30cm 左右，此后由茬部叶腋处重新发枝生叶，进入雨季后，气温高，湿度大，植株迅猛增长，由第一次收割后经过 1 个月又可进行第二次收割，鲜草产量高，在生长期及肥水较充足的地方，整个生育季节可割 3 次，每次收割后及时追肥。

一、籽粒苋的收获方法

收种子以中部籽粒基本成熟时即可全部采收，而不要等上面种子也成熟了才收。如果等上面种子成熟，下面的种子也就过熟而落粒了。

鉴定种子成熟与否，以主穗稍变黄、籽粒发亮、用手触摸主穗有落粒现象，即表明籽实有 70%~80%成熟，可以采收，此时的茎叶还相当青绿、略发红，不要等茎叶全部枯黄时才收获，这时采收种子已大量脱落，不但减少收获量，也影响茎叶的利用。

为了提高籽实产量，可利用打顶和打旁杈相结合促主穗措施，控制植株养分分布，防止植株无限制的增长，保证花期相对集中，使种子成熟比较一致，有利于籽粒苋籽实产量的提高。

籽粒苋的收割，一般是采取割穗的方法进行，收割时要轻拿轻放，以减少掉粒损失，收后晒干捶打，也可趁湿晒粒。如苋穗量大，也可趁湿铺开晾晒半天或一天，然后用石头磙子或镇压场。经过几次翻动，压场后引风扬净。

二、间苗与割穗相结合

在加大播种量的基础上，从苗期倒株高 1m 期间，应进行间苗收获，苗大留小、间密留稀，逐渐间成单株，使留株距达到 60cm 左右，当株高达 1m 以上时，采用割头方法进行收割，留茬 30~50cm，以便再生芽的生长，一般经过 40~45d 即可进行收割第二茬。

采用上述方法进行收获，可保证畜禽从每年 6 月下旬每天都能吃到新鲜的青绿饲料，可有效促进畜禽生长，提高生产能力。

第十章　籽粒苋的贮存

第一节　贮存类型

一、打浆袋贮

将鲜籽粒苋茎叶和鲜玉米秆做青贮，可调节饲料的营养平衡，延长贮存时间，如果苋占比重大，宜喂猪、鸡、鸭、鹅等，玉米秸比重大宜喂反刍动物牛羊等。如做纯籽粒苋青贮，由于水分大，糖分小，不易发酵，因此最好与玉米秸配合做。在入窖前的苋青体含水量不要太高（一般收割后放半天或一天使含水量达65%左右）以及温度合适，因此要根据当时气温与窖型摸索经验。

二、铡碎袋贮

将配好的青贮料用袋装青贮机铡碎装袋密封，此法速度快、密封好、贮存时间长，铡贮适于喂牛、羊、鱼、鹅等。

三、窖　贮

最好用水泥抹面的砖窖，亦可用塑料作隔离的土窖。

籽粒苋青贮后，营养成分保存率高，试验证明，除粗蛋白外，其他营养成分与青贮相比，变化不大。

第二节　苋叶制粉饲料与整株干草粉饲料

苋叶富含蛋白质与赖氨酸等营养成分，因此制成叶粉饲料有饲用价值。蛋白也是好的食品添加剂，同时还可提取SOD等。籽粒苋籽实成熟后，茎叶的蛋白质、赖氨酸等含量仍很高，故脱粒后的全部干秸，可粉碎成品质优良的干草粉，以调制混合饲料用。如将配合饲料中纳入干草粉15%~20%，不仅使营养改善，赖氨酸平衡及钙质增加等，而且降低了饲料成本，籽粒苋磨粉还可以作为精饲料入饲料配方。

第五篇　无公害、绿色有机食品产地环境检验检测与评价研究

第十一章　检验、检测与评价

第一节　依　据

1. 中华人民共和国农业行业标准《NY 5010—2002 无公害食品 蔬菜产地环境条件》

该标准规定了无公害蔬菜产地选择要求、环境空气质量要求、灌溉水质量要求、土壤环境质量要求、试验方法及采样方法，为无公害蔬菜产地的确定与选择提供了依据。

2. 中华人民共和国农业行业标准《NY 5116—2002 无公害食品 水稻产地环境条件》

该标准规定了无公害水稻产地选择要求、环境空气质量要求、灌溉水质量要求、土壤环境质量要求、试验方法及采样方法，为无公害水稻产地的确定与选择提供了依据。

3. 中华人民共和国农业行业标准《NY/T 5295—2004 无公害食品 产地环境评价准则》

该标准规定无公害食品产地环境质量评价程序、评价方法和报告编制。该标准适用于种植业、畜禽养殖业、水产养殖业无公害食品产地环境质量现状评价。

4. 中华人民共和国农业行业标准《NY/T 395—2012 农田土壤环境质量监测技术规范》

该标准规定了农田土壤环境质量监测的布点采样、分析方法、质控措施、数理统计、结果评价、成果表达与资料整编等技术内容。该标准适用于农田土壤环境质量监测。

5. 中华人民共和国农业行业标准《NY 5332—2006 无公害食品 大田作物产地环境条件》

该标准规定了无公害食品大田作物产地的选择、环境空气质量、灌溉水质量、土壤环境质量的要求、采样及试验方法，为无公害食品大田旱作粮食作物产地的确定与选择提供了依据。

第二节　采样方法与项目

一、土壤采样方法

研究采样地块内，采用梅花布点方法，随机采样，多点混合，取深度为 0~20cm，采样的土样充分混匀后，用四分法取舍至1kg左右，装入土壤袋，填好采样标签及现场记录，及时送实验室，自然风干后处理分析（表11-1）。

表11-1 分析方法

项目	分析方法	执行标准
pH值	玻璃电极法	GB/T 6920—1987
Pb，Cd	石墨炉原子吸收分光光度法	GB/T 17141—1997
Hg，As	原子荧光分光光度法	GB/T 17136—1997
Cr	二苯碳酰二肼分光光度法	GB/T 17137—1997

二、水质采样方法与分析项目执行标准

用采取的水样冲积洗取样器（瓶），然后取水样（表11-2）。

表11-2 水质分析方法与执行标准

项目	分析方法	执行标准
pH值	玻璃电极法	GB/T 6920—1986
化学需氧量	重铬酸盐法	GB 11914—89
Hg	原子荧光分光光度法	HJ 597—2011
Pb、Cd	原子吸收分光光度法	GB/T 7475—1987
As	原子荧光分光光度法	GB/T 7485—1987
Cr^{6+}	二苯碳酰二肼分光光度法	GB/T 7466—1987
CN^-	分光光度法	HJ 784—2009
石油类	红外光度法	HJ 637—2012
粪大肠菌群	多管发酵法	GB/T 5750. 12—2006
挥发酚	分光光度法	HJ 503—2009

三、空气采样方法与使用仪器

空气采样方法和使用仪器详见表11-3。

表11-3 分析方法，执行标准与使用仪器

项目	分析方法	执行标准	使用仪器
总悬浮微粒	重量法	GB/T 15432—1995	2030TSP 采样器
二氧化硫	甲醛吸收—副玫瑰苯胺比色法	HJ 1482—2009	2020 空气采样器
二氧化氮	盐酸萘乙二胺光度法	HJ 479—2009	2020 空气采样器
氟化物	氟试剂分光光度法	《空气和废气监测分析方法》	2030TSP 采样器

第十二章　评价研究

第一节　严格控制指标

根据污染因子的毒理学特征和生物吸收、富集能力，将无公害食品产地环境条件标准分为严格控制指标与一般控制指标两类，现将严格控制指标列于表 12-1。

表 12-1　严格控制指标

类别	指标
农田灌溉水	Pb、Cd、HG、As、CN^-、Cr^{6+}
土壤	Pb、Cd、HG、As、Cr
空气	SO_2

第二节　环境质量要求

一、无公害蔬菜产地土壤环境质量要求

无公害蔬菜产地土壤环境质量要求详见表 12-2。

表 12-2　无公害蔬菜产地土壤环境质量要求

项目	含量限值					
	pH 值<6. 5		pH 值 6. 5~7. 5		pH 值>7. 5	
Cd≤	0. 30		0. 30		0. 40[a]	0. 60
Hg≤	0. 25[b]	0. 3	0. 30[b]	0. 50	0. 35[b]	1. 0
As≤	30[c]	40	25[c]	30	20[c]	25
Pb≤	50[d]	250	50[d]	300	50[d]	350
Cr≤	150		200		250	

注：本表所列含量限值适用于阳离子交换量>0. 05mol/kg 的土壤，若≤0. 05mol/kg，其标准值为表内数值的半数。

a. 白菜、莴苣、茄子、蕹菜、芥菜、苋菜、芜菁、菠菜的产地应满足此要求。

b. 菠菜、韭菜、胡萝卜、白菜、菜豆、青椒的产地应满足此要求。

c. 菠菜、胡萝卜的产地应满足此要求。

d. 萝卜、水芹的产地应满足此要求。

二、无公害蔬菜产地灌溉水质量要求

无公害蔬菜产地灌溉水质量要求详见表 12-3。

表 12-3　无公害蔬菜产地灌溉水质量要求

项目	含量限值	
pH 值	5.5~8.5	
化学需氧量（mg/L）≤	40[a]	150
总汞（mg/L）	0.001	
总镉（mg/L）	0.005[b]	0.01
总砷（mg/L）≤	0.05	
总铅（mg/L）	0.05[c]	0.1
铬（六价）（mg/L）≤	0.10	
氰化物（mg/L）≤	0.50	
石油类（mg/L）	1.0	
粪大肠菌群（个/L）≤	40 000[d]	

注：a. 采用喷灌方式灌溉的菜地应满足此要求；b. 白菜、莴苣、茄子、韭菜、芥菜、苋菜、芜菁的产地应满足此要求；c. 萝卜、水芹菜的产地应满足此要求；d. 采用喷灌方式灌溉的菜地以及浇灌、沟灌方式灌溉的叶菜类菜地时应满足此要求

三、空气环境质量指标

空气环境质量指标详见表 12-4。

表 12-4　空气环境质量指标

污染物名称	总悬浮颗粒物	二氧化硫	二氧化氮	氟化物
日平均	0.30mg/m^3	0.15mg/m^3	0.08mg/m^3	7μg/m^2

第三节　评价步骤

评价采用单向污染指数与综合污染指数相结合的方法进行。采用单向污染指标法，按式（1）计算。

$$P_i = C_i / S_i \quad (1)$$

式中：P_i——环境污染物 i 的单项污染指数；

C_i——环境中污染物 i 的实测值；

S_i——污染物 i 的评价标准。

P_i>1，严格控制指标有超标，判定为不合格，不再进行一般控制指标评价；

P_i≤1，严格控制指标未超标，继续进行一般控制指标评价。

一、一般控制指标评价

一般控制指标评价采用单项污染指数法，按式（1）计算。

P_i≤1，一般控制指标未超标，判定为合格，不再进行综合污染指数法评价；

P_i>1，一般控制指标有超标，则需进行综合污染指数法评价。

二、综合污染指数法评价

在没有严格控制指标超标，而只有一般控制指标超标的情况下，才会采用单项污染指数平均值和单项污染指数最大值相结合的综合污染指数法，土壤（水）综合污染指数按式（2）计算，空气综合污染指数按式（3）计算。

$$P=\{[(C_i/S_i)\ 2\mathrm{max}+(C_i/S_i)\ 2\mathrm{ave}]\ 2\}\ 0.5 \qquad (2)$$

式中：

P——土壤（水）综合污染指数；

(C_i/S_i) max——单项污染指数最大值；

(C_i/S_i) ave——单项污染指数平均值。

$$I=[(\mathrm{max}\mid C1-k/S1-k\mid)*1/n*i\sum=1-nC_i/s_i]\ 0.5 \qquad (3)$$

式中：

I——空气综合污染指数；

C_i/S_i——单项污染指数；

P（I）≤1，判定为合格；

P（I）>，判定为不合格。

第十三章　检验、检测结果

第一节　代表的县（市）

代表县（市）嫩江左岸有明水、杜蒙两县。

一、明水县

明水县系属研究区的东部，是具有较高代表性的地方县（表 13-1 至表 13-4）。

表 13-1 明水县土壤检验检测结果

监测点名称	样本数（个）	pH 值			Ca（mg/kg）			Hg（mg/kg）			AS（mg/kg）			Pb（mg/kg）			Cr（mg/kg）		
		平均值	最高值	最低值	平均值	最高值	最低值	平均值	最高值	最低值	平均值	最高值	最低值	平均值	最高值	最低值	平均值	最高值	最低值
明水县崇德镇	14	6.686	6.80	6.60	0.066	0.08	0.06	0.032	0.039	0.021	0.777	0.95	0.65	9.889	10.88	9.29	21.520	23.37	19.45
明水县通泉乡	11	6.700	6.80	6.6	0.068	0.08	0.06	0.034	0.039	0.030	0.743	0.80	0.70	9.419	9.89	8.97	21.534	23.45	19.87
明水县永兴镇	13	6.700	6.80	6.60	0.070	0.08	0.07	0.035	0.040	0.029	0.767	0.80	0.73	9.882	11.07	9.49	22.071	25.12	20.37
明水县繁荣乡	13	6.662	6.80	6.60	0.067	0.07	0.06	0.032	0.035	0.029	0.759	0.87	0.71	9.849	11.33	9.28	22.222	24.51	20.88
明水县光荣乡	12	6.650	6.80	6.60	0.065	0.07	0.06	0.031	0.034	0.029	0.764	0.87	0.71	9.963	12.31	9.28	21.965	24.70	20.78
明水县通达镇	19	6.668	6.80	6.60	0.065	0.07	0.06	0.031	0.034	0.029	0.771	0.89	0.71	9.827	11.62	9.28	21.707	23.41	20.79
明水县明水镇	15	6.667	6.80	6.60	0.065	0.07	0.06	0.031	0.034	0.029	0.781	0.89	0.71	10.071	11.78	9.28	22.012	23.80	21.37
明水县兴仁镇	9	6.656	6.70	6.60	0.065	0.07	0.06	0.031	0.034	0.029	0.786	0.87	0.71	10.548	12.07	9.00	22.068	24.45	20.85
明水县树人乡	9	6.644	6.70	6.60	0.065	0.07	0.06	0.031	0.034	0.029	0.753	0.87	0.71	10.253	11.19	9.28	22.502	23.75	21.37
明水县育林乡	8	6.625	6.70	6.60	0.065	0.07	0.06	0.031	0.034	0.029	0.771	0.87	0.71	9.954	11.29	9.28	22.191	24.08	20.88
明水县双兴乡	16	6.638	6.70	6.60	0.065	0.07	0.06	0.031	0.034	0.029	0.748	0.84	0.71	9.506	10.32	9.02	22.018	25.02	20.87
明水县永久乡	12	6.633	6.70	6.60	0.065	0.07	0.06	0.032	0.036	0.029	0.782	0.89	0.71	9.936	11.22	9.28	22.273	24.11	20.37
前锋水库底泥	1	6.600	6.60	6.60	0.064	0.06	0.06	0.029	0.029	0.029	0.790	0.79	0.79	12.170	12.17	12.17	25.110	25.11	25.11
双合水库底泥	1	6.600	6.60	6.60	0.069	0.07	0.07	0.034	0.034	0.034	0.810	0.81	0.81	12.280	12.28	12.28	24.950	24.95	24.95

表 13-2 明水县水质检测检验结果（灌溉水）

名称	Pd	Cd	Hg	As	Cr^{6+}	CN^-	pH 值	COD	挥发酚（mg/L）	石油类（mg/L）	粪大肠菌群
繁华水库	<0.000 6	<0.000 1	<0.000 1	<0.007	<0.004	<0.004	6.7	12.7	<0.002	<0.01	<1
爱国水库	<0.000 6	<0.000 1	<0.000 1	<0.007	<0.004	<0.004	6.7	10.9	<0.002	<0.01	<1

表 13-3 明水县畜禽饮用水严控指标检验检测结果 （mg/L）

地点：明水镇

色泽	浑浊度	臭和味	肉眼可见物	总硬度（mg/L）	pH 值	溶解性总固体	Cl^-（mg/L）	SO_4^{2-}	总大肠菌群
<4	0	无	无	137.6	6.4	260	78.4	9.4	<1

表 13-4 明水县养殖用水水质检验检测结果

地点	色臭味	总大肠杆菌	Hg (mg/L)	Cd (mg/L)	Pb (mg/L)	Cr (mg/L)	CLL (mg/L)	ZN (mg/L)	As (mg/L)	F (mg/L)	石油类	挥发酚	甲基对硫磷	马拉硫磷	乐果	六六六(丙体)	DDT
前锋水库	无	138	<0.000 1	<0.000 1	<0.000 6	<0.004	<0.001	0.05	<0.007	0.029	<0.01	<0.002	<0.000 5	<0.000 5	<0.000 5	<0.000 1	<0.000 1
双合水库	无	139	<0.000 1	<0.000 1	<0.000 6	<0.004	<0.001	0.05	<0.007	0.027	<0.01	<0.002	<0.000 5	<0.000 5	<0.000 5	<0.000 1	<0.000 1

二、杜尔伯特蒙古族自治县

杜尔伯特蒙古族自治县是研究区内西部的县，也是实施研究重点的县（表 13-5 至表 13-8）。以风沙土类为主，黑钙土次之、盐碱、草甸与沼泽土亦较多。

表 13-5 杜蒙县土壤检验检测结果

地点（镇乡名）	样本数（个）	pH 值	Cd	Hg	As	Pb	Cr	备注
烟筒屯镇	35	6. 690	0. 069	0. 024	0. 653	8. 477	32. 054	
克尔台乡	26	6. 708	0. 068	0. 025	0. 650	8. 347	31. 964	
太康镇	9	6. 689	0. 065	0. 024	0. 646	8. 350	30. 389	
一心乡	8	6. 704	0. 067	0. 025	0. 649	8. 344	31. 423	
白音诺新乡	39	6. 703	0. 068	0. 024	0. 647	8. 348	32. 047	
江湾乡	15	6. 660	0. 066	0. 024	0. 648	8. 349	31. 421	
胡吉吐莫镇	20	6. 685	0. 068	0. 024	0. 646	8. 348	30. 786	均为平均值 单位均为 mg/kg （pH 值无单位）
巴彦查干乡	14	6. 664	0. 071	0. 025	0. 649	8. 354	31. 147	
敖林柏乡	28	6. 668	0. 070	0. 025	0. 650	8. 349	30. 985	
拉哈镇	24	6. 681	0. 068	0. 024	0. 648	8. 375	32. 661	
腰新乡	26	6. 689	0. 070	0. 024	0. 649	8. 351	31. 087	
新店	2	6. 800	0. 068	0. 025	0. 630	8. 365	25. 515	
大龙虎底泥	1	6. 700	0. 072	0. 023	0. 620	8. 310	28. 190	

表 13-6　杜蒙县灌溉水检验检测结果

地点	Pb	Cd	Hg	As	Cr^{6+}	CN^-	pH 值	COD	挥发酚（mg/L）	石油类（mg/L）	粪大肠菌群
嫩江石人沟段	<0. 000 6	<0. 000 1	<0. 000 1	<0. 007	<0. 004	<0. 004	6. 7	13. 5	<0. 002	<0. 01	<1

表 13-7　杜蒙县禽畜饮用水检验检测结果

地点	F	CN^-	As	Hg	Pb	Cd	Cr^{6+}	NO_3	pH 值	溶解性总固体	Cl^-	SO_4^{2-}	总大肠菌群
泰康镇	0. 017	<0. 004	<0. 007	<0. 000 1	<0. 000 6	<0. 000 1	<0. 004	0. 60	6. 6	265	78. 2	9. 7	<1
胡吉吐莫镇	0. 017	<0. 004	<0. 007	<0. 000 1	<0. 000 6	<0. 000 1	<0. 004	0. 61	6. 6	258	77. 2	8. 7	

表 13-8　杜蒙县淡水养殖用水检验检测结果

地点	色臭味	总大肠杆菌	Hg	Cd	Pb	Cr	Cl	Zn	As	F	石油类	挥发酚	甲基对硫磷	马拉硫磷
喇嘛寺	无	138	<0. 00017	<0. 000 1	<0. 000 6	0. 004	<0. 001	<0. 05	<0. 007	0. 021	<0. 01	<0. 002	<0. 000 5	<0. 000 5
大龙虎泡	无	141	<0. 000 1	<0. 000 1	<0. 000 1	<0. 004	<0. 001	<0. 005	<0. 007	0. 021	<0. 01	<0. 002	<0. 000 5	<0. 000 5
	AS	F	石油类	挥发酚	甲基对硫磷	马拉硫磷	乐果	六六六	DDT	总大肠菌群				
阿木塔泡	<0. 001	0. 026	<0. 01	<0. 002	<0. 000 5	<0. 000 5	<0. 000 5	<0. 000 1	<0. 000 4	139				

三、甘南县（嫩江中游右岸，大兴安岭南半农半牧县）

甘南县 10 个乡镇 182 个土样，检验检测 pH 值、Cd、Hg、AS、Pd、Cr^{6+}等元素平均值列入表 13-9 和表 13-10。

表 13-9　甘南县土壤检验检测表

乡镇名称	样本数	pH 值	Cd（mg/kg）	As（mg/kg）	Pb（mg/kg）	Cr（mg/kg）	Hg（mg/kg）
甘南镇	18	6.683	0.081	0.020	8.643	50.57	0.020
长山乡	15	6.733	0.066	6.819	8.857	49.014	0.017
中兴乡	18	6.744	0.078	7.817	12.157	43.132	0.020
兴十四镇	9	6.711	0.243	0.233	0.044	0.222	0.036
兴隆乡	9	6.733	0.083	6.451	11.080	28.658	0.022
宝山乡	33	6.715	0.062	8.197	12.893	45.360	0.019
平阳镇	15	6.713	0.059	7.643	13.214	47.057	0.020
查哈阳乡	9	6.711	0.052	7.732	10.791	40.94	0.021
东阳镇	21	6.733	0.062	8.072	11.499	44.129	0.018
巨宝镇	35	6.700	0.067	1.039	11.646	44.777	0.021

表 13-10　甘南县灌溉水检验检测

地点	pH 值	化学需氧量	Hg	Cd	As	Pb	Cr^{6+}	CN^{-}	石油类	粪大肠菌群未检出	挥发酚
长胜村	6.9	7.4	<0.000 1	<0.000 5	<0.004	<0.01	<0.000 2	<0.004	<0.01	未检出	0.000 4
晓光村	6.8	7.2	<0.000 1	<0.000 5	<0.004	<0.01	<0.000 1	<0.004	<0.01	未检出	<0.000 3
丰收村	6.7	7.4	<0.000 1	<0.000 5	<0.004	<0.01	<0.000 5	<0.004	<0.01	未检出	0.000 5
永青村	6.9	7.4	<0.000 1	<0.000 8	<0.004	<0.01	<0.000 2	<0.004	<0.01	未检出	<0.000 3
核心村	6.8	4.2	<0.000 1	<0.000 7	<0.004	<0.02	<0.000 1	<0.004	<0.01	未检出	<0.000 3
前进村	6.7	7.4	<0.000 1	<0.000 5	<0.004	<0.01	<0.000 3	<0.004	<0.01	未检出	0.000 5
兴久村	6.6	4.2	<0.000 1	<0.000 6	<0.004	<0.01	<0.000 5	<0.004	<0.01	未检出	<0.000 3
兴十四镇兴十四村	6.6	2.2	<0.000 1	<0.000 6	<0.004	<0.01	0.000 5	<0.004	<0.01	未检出	<0.000 3
兴隆乡奋斗村	6.8	6.5	<0.000 1	<0.000 5	<0.004	0.03	<0.000 1	<0.004	<0.01	未检出	<0.000 3
兴隆乡兴国村	6.7	3.4	<0.000 1	<0.000 5	<0.004	<0.01	0.000 5	<0.004	<0.01	未检出	0.000 5
宝山乡一心村	6.8	5.6	<0.000 1	<0.000 6	<0.004	<0.01	<0.000 1	<0.004	<0.01	未检出	<0.000 3
宝山乡全胜村	6.7	5.2	<0.000 1	<0.000 5	<0.004	<0.01	0.000 6	<0.004	<0.01	未检出	0.000 5
宝山乡巨强村	6.6	5.2	<0.000 1	<0.000 6	<0.004	<0.01	0.000 5	<0.004	<0.01	未检出	<0.000 3

（续表）

地点	pH 值	化学需氧量	Hg	Cd	As	Pb	Cr^{6+}	CN^-	石油类	粪大肠菌群未检出	挥发酚
宝山乡巨新村	6.9	5.6	<0.000 1	<0.000 5	<0.004	0.03	0.000 5	<0.004	<0.01	未检出	<0.000 3
宝山乡兴塔村	6.8	7.6	<0.000 1	<0.000 5	<0.004	<0.01	<0.000 1	<0.004	<0.01	未检出	0.000 6
平阳镇建国村	6.6	6.5	<0.000 1	<0.000 5	<0.004	<0.01	0.000 6	<0.004	<0.01	未检出	0.000 5
平阳镇宏光村	6.7	7.2	<0.000 1	<0.000 5	<0.004	<0.01	0.000 2	<0.004	<0.01	未检出	0.000 5
查哈阳乡黎明村	6.6	6.2	<0.000 1	<0.000 6	<0.004	<0.01	0.000 5	<0.004	<0.01	未检出	<0.000 3
东阳镇东升村	6.8	6.2	<0.000 1	<0.000 5	<0.004	0.02	<0.000 1	<0.004	<0.01	未检出	<0.000 3
东阳镇联合村	6.7	5.4	<0.000 1	0.0010	<0.004	<0.01	0.000 5	<0.004	<0.01	未检出	0.000 5
巨宝镇金星村	6.9	5.6	<0.000 1	<0.000 5	<0.004	0.03	0.000 5	<0.004	<0.01	未检出	<0.000 3
巨宝镇绥化农场	6.7	7.2	<0.000 1	0.000 8	<0.004	<0.01	<0.000 1	<0.004	<0.01	未检出	0.000 4
巨宝镇巨宝农场	6.8	6.7	<0.000 1	<0.000 5	<0.004	<0.01	0.000 8	<0.004	<0.01	未检出	0.001 5
巨宝镇新华村	6.7	7.0	<0.000 1	<0.000 5	<0.004	0.02	0.000 3	<0.004	<0.01	未检出	0.000 8

四、龙江县（嫩江中游右岸，大兴安岭南麓）

（一）土壤样检验检测

龙江县 14 个乡镇 169 个村，土样 450 个，分析项目有 pH 值、Cd、Hg、CN、Pb、Cr 等（表 13-11）。

表 13-11 龙江县土壤样检验检测表

乡镇名称	样数	pH 值	Cd	Hg	As	Pb	Cr
白山镇	31	6.83	0.106	0.020	7.237	15.920	45.491
黑岗乡	18	6.84	0.107	0.020	7.844	13.210	42.553
哈拉海乡	25	6.86	0.142	0.019	6.664	13.343	53.630
龙江镇	31	6.83	0.134	0.021	6.432	15.292	43.967
头台乡	34	6.86	0.108	0.023	15.015	9.096	46.048
广厚乡	40	6.81	0.080	0.025	7.291	17.680	41.842
景星乡	17	6.84	0.082	0.019	8.354	16.972	42.581
山泉镇	58	6.85	0.111	0.024	6.557	13.377	51.378
龙兴乡	49	6.86	0.154	0.054	3.936	8.691	53.327
济沁河乡	48	6.84	0.139	0.047	6.847	14.611	47.820
杏山镇	53	6.81	0.107	0.037	7.478	18.000	45.583
七棵树镇	44	6.79	0.063	0.023	7.728	13.710	46.271

备注：Cd、Hg、Pb、Cr 单位均为 mg/kg，均为平均值（未表为 最高值与最低值）

（二）灌溉水质检验检测

灌溉水质检验检测数据如表 13-12 所示。

表 13-12　龙江县灌溉水质检验检测

地点	pH 值	化学需氧量	Hg	Cd	As	Pb	Cr^{6+}	CN^-	石油类	粪大肠菌群	挥发酚
白山镇五村	6.9	9.0	<0.000 1	<0.000 5	<0.004	<0.01	<0.000 1	<0.004	<0.01	未检出	<0.000 3
白山镇八村	6.9	7.4	<0.000 1	<0.000 8	<0.000 4	<0.01	0.000 2	<0.004	<0.01	未检出	<0.000 3
黑岗乡索伯台村	6.8	4.2	<0.000 1	<0.000 5	<0.004	0.02	<0.000 1	<0.004	<0.01	未检出	<0.000 3
黑岗乡靠山包村	6.9	7.4	<0.000 1	<0.000 5	<0.004	<0.01	0.000 3	<0.004	<0.01	未检出	<0.000 5
龙江镇山包村	6.9	8.2	<0.000 1	<0.000 6	<0.004	<0.01	0.000 5	<0.004	<0.01	未检出	<0.000 3
龙江镇解光村	6.7	3.2	<0.000 1	<0.000 5	<0.004	<0.01	0.000 2	<0.004	<0.01	未检出	<0.000 5
头站乡和平村	6.8	2.2	<0.000 1	<0.000 6	<0.004	<0.01	0.000 5	<0.004	<0.01	未检出	<0.000 3
头站乡头站村	6.8	6.2	<0.000 1	<0.000 5	<0.004	0.030	<0.000 1	<0.004	<0.01	未检出	<0.000 3
头站乡二沟河村	7.1	2.1	<0.000 1	<0.000 5	<0.004	<0.01	0.000 5	<0.004	<0.01	未检出	<0.000 5
广厚乡华民村	6.8	5.6	<0.000 1	<0.000 6	<0.004	<0.01	<0.000 1	<0.004	<0.01	未检出	<0.000 3
广厚乡沙合台村	6.9	7.2	<0.000 1	<0.000 5	<0.004	<0.01	0.000 2	<0.004	<0.01	未检出	<0.000 5
景星镇保安村	6.9	5.5	<0.000 1	<0.000 5	<0.004	0.03	0.000 5	<0.004	<0.01	未检出	<0.000 3
龙兴镇兴龙村	6.6	6.5	<0.000 1	<0.000 5	<0.004	<0.01	0.000 6	<0.004	<0.01	未检出	<0.000 5
龙兴镇荣胜村	6.9	8.2	<0.000 1	<0.000 6	<0.004	<0.01	0.000 5	<0.004	<0.01	未检出	<0.000 3
济沁河乡南济村	6.8	6.2	<0.000 1	<0.000 5	<0.004	0.02	<0.000 1	<0.004	<0.01	未检出	<0.000 3
济沁河乡鲁河村	6.7	7.4	<0.000 1	<0.000 5	<0.004	<0.01	0.000 5	<0.004	<0.01	未检出	<0.000 5
济沁河乡龙德村	6.8	5.6	<0.000 1	<0.000 6	<0.004	<0.01	<0.000 1	<0.004	<0.01	未检出	<0.000 3
济沁河乡榻房村	6.9	9.0	<0.000 1	<0.000 5	<0.004	<0.01	<0.000 1	<0.004	<0.01	未检出	<0.000 3
杏山镇乐华村	7.0	7.4	<0.000 1	<0.000 5	<0.000 4	<0.01	0.000 2	<0.004	<0.01	未检出	<0.000 3

注："<"为最低检验检测限

第二节 黑龙江农垦总局的代表场检验检测

一、省富裕农场（嫩江干流东侧漫滩与残存阶地1978年组建）

全场总面积273km^2，其中耕地8 333亩，林地3 663.4亩，草原4 495.2亩，水面1 787亩，其他占地938.8亩（表13-13至表13-15）。

表13-13 富裕农场土壤检验检测数据

地点	pH值	Cd	Hg	As	Pb	Cr^{6+}	备注
1	6.9	0.057	0.019	9.42	19.28	43.16	单位除pH值外，均为mg/kg
2	7.0	0.034	0.023	7.26	20.14	40.28	
3	6.8	0.028	0.025	8.51	22.37	39.77	
4	6.1	0.030	0.020	6.94	18.65	39.08	
5	6.9	0.045	0.017	8.32	19.80	41.37	
6	6.8	0.041	0.015	6.19	21.32	42.25	

表13-14 富裕农场灌溉水质检验检测数据

地点	pH值	Hg	Cd	As	Cr^{6+}	Pb	石油类	挥发酚
1	6.9	0.000 6	0.000 9	0.009	0.000 9	0.05	0.09	0.000 6
2	6.8	0.000 9	0.001 4	0.001	0.001 3	0.03	0.14	0.001 2
3	6.8	0.000 4	0.001 8	0.005	0.001 8	0.07	0.18	0.000 9
4	6.9	0.000 5	0.001 0	0.007	0.001 0	0.04	0.10	0.001 7

备注：表格中<的数据为最低值

表13-15 富裕农场大气检验检测值

大气	样品数量		2		判定依据		NY5010-2002		
项目	日期（年/月/日）	第一次	第二次	第三次	第四次	日平均值	二日均值	限量值	单项判定
总悬浮颗粒物（mg/m^3）	2018/8/23	0.035	0.040	0.039	0.037	0.038	0.037	0.30	合格
	2018/8/24	0.033	0.039	0.040	0.035	0.037			
二氧化硫（mg/m^3）	2018/8/23	0.006	0.003	0.008	0.005	0.005	0.005	0.15	合格
	2018/8/24	0.004	0.007	0.007	0.005	0.006			
二氧化氮（mg/m^3）	2018/8/23	0.005*	0.005*	0.005*	0.005*	0.005	0.005	0.12	合格
	2018/8/24	0.005*	0.005*	0.005*	0.005*	0.005			
氟化物（$\mu g/m^3$）	2018/8/23	0.82	0.87	0.90	0.85	0.86	0.86	7	合格
	2018/8/24	0.85	0.89	0.91	0.83	0.87			

（续表）

大气	样品数量		2		判定依据		NY5010-2002		
项目	日期（年/月/日）	第一次	第二次	第三次	第四次	日平均值	二日均值	限量值	单项判定
总悬浮颗粒（mg/m^3）	2018/8/23	0.034	0.038	0.042	0.035	0.037	0.036	0.30	合格
	2018/8/24	0.036	0.033	0.039	0.036	0.036			
二氧化硫（mg/m^3）	2018/8/23	0.002	0.005	0.007	0.007	0.005	0.005	0.15	合格
	2018/8/24	0.005	0.008	0.004	0.002	0.005			
二氧化氮（mg/m^3）	2018/8/23	0.005*	0.005*	0.005*	0.005*	0.005	0.005	0.12	合格
	2018/8/24	0.005*	0.005*	0.005*	0.005*	0.00			
氟化物（$\mu g/m^3$）	2018/8/23	0.80	0.87	0.90	0.84	0.85	0.850	7.00	合格
	2018/8/24	0.85	0.91	0.87	0.82	0.86			

二、齐齐哈尔种畜场（嫩江西侧漫滩及残存阶地）

齐齐哈尔种蓄场 1953 年成立，2007 年由农垦总局向齐齐哈尔分局管理。总面积 31.6 万亩，其中耕地 6.44 万亩，林地 1.66 万亩，人口 11 000 人，12 个作业区，1 个街道办，以农业为主（表 13-16 至表 13-18）。

表 13-16　齐齐哈尔种畜土壤检验检测数据

采样地点	检测项目及结果			计量单位（mg/kg）（pH 值除外）		
	pH 值	Cd 限量值 0.30	Hg 限量值 0.50	As 限量值 25	Pb 限量值 300	Cr 限量值 300
第二管理区五作业区	6.8	0.060	0.033	6.38	8.87	37.17
第二管理区五作业区	7.0	0.051	0.026	4.34	8.56	44.20
第二管理区五作业区	6.7	0.061	0.030	6.27	9.30	30.32
第二管理区五作业区	6.9	0.051	0.012	5.38	8.71	54.17
第二管理区十二作业区	6.7	0.056	0.032	3.50	8.81	44.33
第二管理区十二作业区	6.8	0.052	0.038	6.45	8.87	52.32
第二管理区十二作业区	6.9	0.053	0.016	6.34	8.35	54.07
第二管理区十二作业区	6.8	0.054	0.003	3.37	8.97	43.30
第三管理区八作业区	6.7	0.056	0.026	4.31	8.52	34.38
第三管理区八作业区	6.9	0.051	0.016	6.45	7.92	54.17
第三管理区八作业区	6.9	0.051	0.022	6.38	8.81	44.12
第三管理区八作业区	6.8	0.068	0.021	5.35	8.78	30.38

（续表）

采样地点	检测项目及结果			计量单位（mg/kg）（pH 值除外）		
	pH 值	Cd 限量值 0. 30	Hg 限量值 0. 50	As 限量值 25	Pb 限量值 300	Cr 限量值 300
第三管理区九作业区	6. 9	0. 050	0. 018	5. 35	8. 82	31. 12
第三管理区九作业区	7. 0	0. 062	0. 039	6. 42	8. 86	24. 33
第三管理区九作业区	6. 8	0. 053	0. 038	4. 34	8. 79	35. 53
第三管理区九作业区	6. 9	0. 094	0. 024	4. 33	8. 82	34. 37

表 13-17　齐齐哈尔种畜场灌溉水质检验检测表　（mg/L）

名称	PH	Hg	Cd	As	Pb	Cr^{6+}	石油类	挥发酚
第二管理区五作业区	7. 0	<0. 000 1	<0. 000 5	<0. 004	0. 02	<0. 000 1	<0. 01	<0. 000 3
第二管理区十二作业区	6. 9	<0. 000 1	0. 000 8	<0. 000 4	<0. 01	0. 000 2	<0. 01	0. 000 6
第三管理区八作业区	6. 8	<0. 000 1	<0. 000 5	<0. 004	0. 02	0. 000 3	<0. 01	0. 000 5
第三管理区九作业区	6. 9	<0. 000 1	0. 000 9	<0. 004	<0. 01	0. 000 3	<0. 01	0. 000 5

表 13-18　齐齐哈尔种畜场空气分析方法与执行标准

项目	分析方法	执行标准
二氧化硫	盐酸付玫瑰苯胺比色法	HJ483—2009
氟化物	氟离子电极法	HJ480—2009

三、省哈拉海农场（嫩江右岸漫滩及残余阶地）

由省农垦总局九三管理局领导，现有土地面积 442 098 亩，其中耕地 16. 71 万亩，总人口 0. 5 万人。总控制面积 294. 73km²，草原 12 335. 4hm²，林地 21 444 亩，水面 2 865 亩，苇塘 16 410 亩，总人口 3 840 人（表 13-19 至表 13-21）。

表 13-19　齐齐哈尔种畜场土壤检验检测表（10 个土样）

［mg/kg（pH 值除外）］

地点	pH 值	Cd 限量值 0. 30	Hg 限量值 0. 50	As 限量值 25	Pb 限量值 300	Cr 限量值 200
第四作业区	6. 9	0. 057	0. 017	8. 43	15. 72	35. 91
第四作业区	6. 8	0. 091	0. 022	6. 28	19. 28	39. 20
第四作业区	6. 9	0. 085	0. 009	5. 19	23. 14	30. 74
第四作业区	7. 0	0. 063	0. 015	8. 04	13. 65	41. 26

（续表）

地点	pH 值	Cd 限量值 0.30	Hg 限量值 0.50	As 限量值 25	Pb 限量值 300	Cr 限量值 200
第四作业区	6.6	0.089	0.020	7.61	17.58	34.29
第四作业区	6.9	0.061	0.011	6.42	10.02	37.34
第四作业区	6.8	0.094	0.018	7.03	21.85	33.01
第四作业区	6.9	0.067	0.023	6.92	16.94	35.98
第四作业区	6.7	0.075	0.015	5.99	18.37	40.19
第四作业区	6.8	0.054	0.024	7.75	19.22	32.85

表 13-20　齐齐哈尔种畜场灌溉水质检验检测表（3 个水样）

地点	计量单位（mg/L）（pH 值除外）							
	pH 值 限量值 5.5~8.5	Hg 限量值 0.001	Cd 限量值 0.01	As 限量值 0.05	Pb 限量值 0.10	Cr^{6+} 限量值 0.10	石油类 限量值 5.0	挥发酚 限量值 1.0
第二管理区十二作业区	6.7	0.000 5	0.001 0	0.012	0.05	0.000 5	0.05	0.000 5
第三管理区八作业区	6.7	0.000 2	0.000 8	0.009	0.01	0.000 9	0.09	0.001 5
第三管理区九作业区	6.9	0.000 6	0.001 3	0.006	0.07	0.001 1	0.17	0.000 6

表 13-21　齐齐哈尔种畜场大气检验检测表

编号	空气	样品数量		2		判定依据		NY5010—2002		
	项目	日期（年/月/日）	第一次	第二次	第三次	第四次	日平均值	二日均值	限量值	单项判定
1	二氧化硫（mg/m^3）	2015/7/26	0.004	0.007	0.008	0.005	0.005	0.005	0.25	合格
		2015/7/27	0.003	0.005	0.007	0.007	0.005			
	氟化物（$\mu g/m^3$）	2015/7/26	0.840	0.900	0.890	0.850	0.870	0.870	7.00	合格
		2015/7/27	0.820	0.880	0.930	0.860	0.870			
2	二氧化硫（mg/m^3）	2015/7/26	0.005	0.008	0.008	0.007	0.007	0.007	0.25	合格
		2015/7/27	0.004	0.009	0.007	0.007	0.007			
	氟化物（$\mu g/m^3$）	2015/7/26	0.800	0.870	0.890	0.850	0.850	0.850	7.00	合格
		2015/7/27	0.830	0.880	0.860	0.850	0.850			

第十四章　评价研究

第一节　研究区有代表的县

一、明水县产地环境评价研究

（一）土壤与水质现状评价研究

1. 土壤现状评价研究

根据明水县12个乡镇、2个水库底泥共153个土壤样的检测，对pH值及Cd、Hg、As、Pb、Cr等5个重金属元素进行评价研究，指数均小于1.0。

2. 明水县土壤评价研究

详细数据见表14-1。

表14-1　明水县土壤评价研究

评价地点	样本数	分指数														
		Cd（mg/kg）			Hg（mg/kg）			As（mg/kg）			Pb（mg/kg）			Cr（mg/kg）		
		平均值	最高值	最低值	平均值	最高值	最低值	平均值	最高值	最低值	平均值	最高值	最低值	平均值	最高值	最低值
明水县崇德镇	14	0.2	0.2	0.2	0.063	0.08	0.04	0.027	0.03	0.02	0.031	0.04	0.03	0.1	0.1	0.1
明水县通泉乡	11	0.2	0.2	0.2	0.117	0.60	0.06	0.024	0.03	0.02	0.030	0.03	0.03	0.1	0.1	0.1
明水县永兴镇	13	0.2	0.2	0.2	0.070	0.08	0.06	0.029	0.03	0.02	0.031	0.04	0.03	0.1	0.1	0.1
明水县繁荣乡	13	0.2	0.2	0.2	0.065	0.07	0.06	0.024	0.03	0.02	0.032	0.04	0.03	0.1	0.1	0.1
明水县光荣乡	12	0.2	0.2	0.2	0.063	0.07	0.06	0.025	0.03	0.02	0.033	0.04	0.03	0.1	0.1	0.1
明水县通达镇	19	0.2	0.2	0.2	0.063	0.07	0.06	0.024	0.03	0.02	0.032	0.04	0.03	0.1	0.1	0.1
明水县明水镇	15	0.2	0.2	0.2	0.063	0.07	0.06	0.027	0.03	0.02	0.033	0.04	0.03	0.1	0.1	0.1
明水县兴仁镇	9	0.2	0.2	0.2	0.063	0.07	0.06	0.026	0.03	0.02	0.034	0.04	0.03	0.1	0.1	0.1
明水县树人乡	9	0.2	0.2	0.2	0.063	0.07	0.06	0.023	0.03	0.02	0.036	0.04	0.03	0.1	0.1	0.1
明水县育林乡	8	0.2	0.2	0.2	0.064	0.07	0.06	0.026	0.03	0.02	0.036	0.04	0.03	0.1	0.1	0.1
明水县双兴乡	16	0.2	0.2	0.2	0.063	0.07	0.06	0.024	0.03	0.02	0.030	0.03	0.03	0.1	0.1	0.1
明水县永久乡	12	0.2	0.2	0.2	0.064	0.07	0.06	0.025	0.03	0.02	0.033	0.04	0.03	0.1	0.1	0.1
前锋水库底泥	1	0.2	0.2	0.2	0.060	0.06	0.06	0.030	0.03	0.03	0.040	0.04	0.04	0.1	0.1	0.1
双合水库底泥	1	0.2	0.2	0.2	0.070	0.07	0.07	0.030	0.03	0.03	0.040	0.04	0.04	0.1	0.1	0.1

（二）水质评价研究

1. 灌溉水评价

明水县灌溉水评价数据详见表 14-2 和表 14-3。

表 14-2　明水县灌溉水严控指标评价

监测点名称	Pb	Cd	Hg	As	Cr^{6+}	CN^-
繁华水库	0.003*	0.01*	0.05*	0.07*	0.02*	0.004*
爱国水库	0.003*	0.01*	0.05*	0.07*	0.02*	0.004*

注：带“*”按最低检测限一般参加评价

表 14-3　明水县灌溉水一般控制指标评价

监测点名称	pH 值	COD	挥发酚	石油类	粪大肠菌群
繁华水库	0.5	0.1	0.001*	0.005*	0.000 1*
爱国水库	0.5	0.1	0.001*	0.005*	0.000 1*

注：按最低检测限一般参加评价

2. 畜禽饮用水评价

结果详见表 14-4 和表 14-5。

表 14-4　畜禽饮用水严控指标评价

监测点名称	F	CN^-	As	Hg	Pb	Cd	Cr^{6+}	NO_3^-
明水镇	0.01	0.04*	0.002*	0.05*	0.003*	0.001*	0.02*	0.02

注：带“*”按最低检测限一般参加评价

表 14-5　明水县畜禽饮用水一般控制指标评价

监测点名称	色（°）	浑浊度（°）	臭和味	肉眼可见物	总硬度	pH 值	溶解性总固体	Cl^-	SO_4^{2-}	总大肠菌群
明水镇	0.08*	合格	合格	合格	0.09	0.5	0.1	0.3	0.04	0.000 1*

注：带“*”按最低检测限一般参加评价

3. 淡水养殖用水水质评价

淡水养殖用水水质评价结果详见表 14-6。

表 14-6　明水县淡水养殖用水水质评价

色、臭、味	总大肠菌群	Hg	Cd	Pd	Cr	Cu	Zn	DDT
合格	0.03	0.05*	0.001*	0.003*	0.02*	0.05*	0.01*	
As	F	石油类	挥发酚	甲基对硫磷	马拉硫磷	乐果	六六六（丙体）	
0.002*	0.02	0.1*	0.2*	0.05*	0.005*	0.000 3*	0.03*	0.05*

（续表）

色、臭、味	总大肠菌群	Hg	Cd	Pd	Cr	Cu	Zn	DDT
合格	0.03	0.05*	0.001*	0.003*	0.02*	0.05*	0.01*	
As	F	石油类	挥发酚	甲基对硫磷	马拉硫磷	乐果	六六六（丙体）	
0.002*	0.02	0.1*	0.2*	0.05*	0.005*	0.000 3*	0.03*	0.05*

注：带“*”按最低检测限一半参加评价

综合上述评价，该地区种植业灌溉水水质、畜禽饮用水水质、淡水养殖用水水质均符合无公害食品相应标准的要求，水质质量合格，适宜生产无公害农产品。

（三）评价结论

通过对黑龙江省明水县无公害种植业基地、畜牧业养殖基地环境质量现状监测与研究评价，得出如下结论。

明水县148万亩无公害种植业基地，农业种植措施均严格按照相应的生产技术操作规范规程执行，土壤、农田灌溉水环境质量良好，可以作为生产无公害农产品原料种植基地。

明水县6万亩无公害淡水养殖基地，养殖方法得当，养殖工程均严格按照相应的生产技术操作规程中的规定执行，淡水养殖用水质质量良好，可以作为无公害畜牧业的养殖基地。

明水县70万亩草原基地，畜牧养殖基地畜禽养殖方法得当，养殖过程均能按照相应的生产技术操作规程中的规定执行，县内土壤、畜禽饮用水环境质量好，可以作为无公害畜牧业的养殖基地。

二、杜蒙蒙古自治县

（一）土壤评价研究

根据杜尔伯特蒙古族自治县12个乡镇、2个泡子底泥共264个土样pH值及Cd、Hg、As、Pb、Cr等5个重金属元素评价研究，分指数均低于1.0（表14-7）。

表14-7 杜尔伯特蒙古族自治县无公害农产品质量土壤评价

评价地点	样本数（个）	分指数														
		Cd（mg/kg）			Hg（mg/kg）			As（mg/kg）			Pb（mg/kg）			Cr（mg/kg）		
		平均值	最高值	最低值	平均值	最高值	最低值	平均值	最高值	最低值	平均值	最高值	最低值	平均值	最高值	最低值
杜蒙县烟筒屯镇	35	0.226	0.3	0.3	0.047	0.05	0.04	0.021	0.03	0.02	0.3	0.3	0.3	0.157	0.2	0.1
杜蒙县克尔台乡	26	0.219	0.3	0.3	0.048	0.05	0.04	0.020	0.02	0.02	0.3	0.3	0.3	0.162	0.2	0.1

（续表）

评价地点	样本数（个）	分指数														
		Cd（mg/kg）			Hg（mg/kg）			As（mg/kg）			Pb（mg/kg）			Cr（mg/kg）		
		平均值	最高值	最低值	平均值	最高值	最低值	平均值	最高值	最低值	平均值	最高值	最低值	平均值	最高值	最低值
杜蒙县泰康镇	9	0.053	0.3	0.3	0.046	0.05	0.04	0.02	0.02	0.02	0.3	0.3	0.3	0.144	0.2	0.1
杜蒙县一心乡	24	0.213	0.3	0.3	0.048	0.05	0.04	0.02	0.02	0.02	0.3	0.3	0.3	0.163	0.2	0.1
杜蒙县白音诺勒乡	39	0.215	0.3	0.3	0.048	0.06	0.04	0.02	0.02	0.02	0.3	0.3	0.3	0.159	0.2	0.1
杜蒙县江湾乡	15	0.207	0.3	0.3	0.047	0.05	0.04	0.02	0.02	0.02	0.3	0.3	0.3	0.153	0.2	0.1
杜蒙县胡吉吐莫镇	20	0.215	0.3	0.3	0.048	0.05	0.04	0.02	0.02	0.02	0.3	0.3	0.3	0.150	0.2	0.1
杜蒙县巴彦查干乡	14	0.207	0.3	0.3	0.051	0.06	0.05	0.02	0.02	0.02	0.3	0.3	0.3	0.164	0.2	0.1
杜蒙县敖林西伯乡	28	0.214	0.3	0.3	0.049	0.06	0.04	0.02	0.02	0.02	0.3	0.3	0.3	0.150	0.2	0.1
杜蒙县他拉哈镇	24	0.213	0.3	0.3	0.048	0.06	0.04	0.020 4	0.02	0.02	0.3	0.3	0.3	0.163	0.2	0.1
杜蒙县腰新乡	26	0.003	0.3	0.3	0.047	0.06	0.04	0.02	0.02	0.02	0.3	0.3	0.3	0.154	0.2	0.1
杜蒙新店	2	0.200	0.2	0.2	0.050	0.05	0.05	0.02	0.02	0.02	0.3	0.3	0.3	0.100	0.1	0.1
杜蒙县大龙虎泡底泥	1	0.200	0.2	0.2	0.050	0.05	0.05	0.02	0.02	0.02	0.3	0.3	0.3	0.100	0.1	0.1
杜蒙县喇嘛寺泡子底泥	1	0.200	0.2	0.2	0.050	0.05	0.05	0.02	0.02	0.02	0.3	0.3	0.3	0.200	0.2	0.2

（二）水质评价研究

灌溉水水源，畜禽饮用水，淡水养殖用水水质均符合无公害食品相关标准要求，水质合格，宜生产无公害农产品（表 14-8 至表 14-10）。

表 14-8　杜蒙县灌溉水指标评价

地点名称	Pb	Cd	Hg	As	Cr^{6+}	CN^-	pH 值	COD（mg/L）	挥发酚（mg/L）	石油类（mg/L）	总大肠菌群
嫩江万人沟段	0.03	0.01	0.05	0.07	0.02	0.004	6.5	0.1	0.001	0.005	0.000 1

表 14-9　禽畜饮用水评价

地点	F	CN	As	Hg	Pb	Cd	Cr^{6+}	NO_3^-	色	总硬度	pH 值	溶解总固态	Cl	SO_4^{2-}	总大肠菌群
泰康镇	0.01	0.04	0.002	0.05	0.003	0.001	0.02	0.02	0.08	0.09	6.5	0.1	0.3	0.04	0.000 1
胡吉吐莫镇	0.01	0.04	0.002	0.05	0.003	0.001	0.02	0.02	0.08	0.09	6.5	0.1	0.3	0.04	0.000 1

表 14-10　杜蒙淡水养殖用水质评价

监测点名称	色、臭、味	总大肠菌群	Hg	Cd	Pd	Cr	Cu	Zn	
前锋喇嘛寺泡子	合格	0.03	0.05	0.001*	0.003	0.02	0.05	0.01	
	As	F	石油类	挥发酚	甲基对硫磷	马拉硫磷	乐果	六六六（丙体）	DDT
	0.002	0.02	0.1	0.2	0.05	0.005	0.000 3	0.03	0.05
监测点名称	色、臭、味	总大肠菌群	Hg	Cd	Pd	Cr	Cu	Zn	
前锋喇嘛寺泡子（龙虎泡）	合格	0.03	0.05	0.001	0.003	0.02	0.05	0.01	
	As	F	石油类	挥发酚	甲基对硫磷	马拉硫磷	乐果	六六六（丙体）	DDT
	0.002	0.02	0.1	0.2	0.05	0.005	0.000 3	0.03	0.05

（三）评价研究结论

通过对黑龙江省杜尔伯特蒙古族自治县无公害种植业基地、畜牧业养殖基地环境质量现状监测与评价研究，得出如下结论：

杜尔伯特蒙古族自治县 150 万亩无公害种植业基地，农业种植措施均严格按照相应的生产技术操作规程执行，区域土壤、农田灌溉水环境质量良好，无公害水田环境按照中华人民共和国农业行业标准《NY5116—2002　无公害食品　水稻产地环境条件》要求、旱田及山特产品产地和食用菌基质环境符合中华人民共和国农业行业标注《NY5010—2002　无公害食品　蔬菜产地环境条件》要求，可以作为生产无公害农产品原料的基地。

杜尔伯特蒙古族自治县 100 万亩无公害淡水养殖基地，养殖方法得当，养殖过程均严格按照相应的生产技术操作规程中的规定执行，区域淡水养殖用水水质质量良好，可以作为无公害水产业的养殖基地，杜尔伯特蒙古族自治县 150 万亩草原基地、350 万头（只）畜禽养殖基地，畜禽养殖方法得当，养殖过程均严格按照相应的生产技术操作规程中的规定执行，县内土壤、畜禽饮用水环境质量良好，符合《NY/T5010—2002　无公害食品　蔬菜产地环境条件》《NY5027—2001　无公害食品　畜禽饮用水水质》中各项标准的要求，可以作为无公害水产业的养殖基地。

三、甘南县（嫩江右岸。大兴安岭南麓漫滩与残余阶地）

（一）土壤评价研究

甘南县 10 个乡镇 182 个土样的 pH 值及 Cd、Hg、As、Pb、Cr 等元素评价研究，分析指数均低于 1.0，具体详见表 14-11。

表 14-11 各研究点土壤污染物指标分指数均小于 1.0，适宜生产无公害蔬菜产地，

土壤环境良好、土壤合格，适宜生产无公害农产品。

表 14-11　甘南无公害农产品土壤评价

地点名称	样本数	pH 值	Cd（mg/kg）	Hg（mg/kg）	As（mg/kg）	Pb（mg/kg）	Cr^{6+}（mg/kg）
甘南镇	18	6.683	0.269	0.033	0.268	0.028	0.252
长山乡	15	6.733	0.221	0.033	0.227	0.030	0.245
中兴乡	18	6.744	0.261	0.034	0.261	0.041	0.216
兴十四镇	9	6.711	0.243	0.036	0.233	0.044	0.222
兴隆乡	9	6.733	0.276	0.034	0.216	0.038	0.249
宝山乡	31	6.715	0.205	0.032	0.273	0.042	0.227
平阳镇	15	6.713	0.198	0.035	0.255	0.044	0.235
查哈阳乡	9	6.711	0.190	0.036	0.259	0.037	0.226
东阳镇	21	6.733	0.204	1.301	0.270	0.039	0.221
巨宝镇	35	6.697	0.222	0.035	0.235	0.039	0.224

（二）水质评价研究结果与结论

将水质检验检测结果单项污染指数评价计算公式进行计算，评价研究结果列入表 14-12。

表 14-12　甘南县灌溉水质评价研究

评价地点	检测项目　计量单位（mg/L）（pH 值除外）									
	pH 值	化学需氧量值≤40	Hg 限量值≤0.001	Cd 限量值≤0.006	As 限量值≤0.06	Pb 限量值≤0.01	Cr^{7+} 限量值≤0.60	CN^{-} 限量值≤0.60	石油类限量值≤1.0	粪大肠菌群限量值≤10 000
甘南镇长胜村	0.07	0.185	0.05	0.042	0.033	0.05	0.002 0	0.003	0.005	未检出
甘南镇晓光村	0.13	0.180	0.05	0.042	0.033	0.05	0.000 5	0.003	0.005	未检出
长山乡丰收村	0.20	0.185	0.05	0.042	0.033	0.05	0.005 0	0.003	0.005	未检出
长山乡永青村	0.07	0.185	0.05	0.133	0.033	0.05	0.002 0	0.003	0.005	未检出
中兴乡核心村	0.13	0.105	0.05	0.117	0.033	0.20	0.000 5	0.003	0.005	未检出
中兴乡前进村	0.20	0.185	0.05	0.042	0.033	0.05	0.003 0	0.003	0.005	未检出
中兴乡兴久村	0.27	0.105	0.05	0.100	0.033	0.05	0.005 0	0.003	0.005	未检出
兴十四镇兴武村	0.20	0.080	0.05	0.042	0.033	0.05	0.002 0	0.003	0.005	未检出
兴十四镇兴十四村	0.27	0.055	0.05	0.100	0.033	0.05	0.005 0	0.003	0.005	未检出
兴隆乡奋斗村	0.13	0.163	0.05	0.042	0.033	0.30	0.000 5	0.003	0.005	未检出
兴隆乡兴国村	0.20	0.085	0.05	0.042	0.033	0.05	0.005 0	0.003	0.005	未检出

（续表）

评价地点	检测项目　计量单位（mg/L）（pH 值除外）									
	pH 值	化学需氧量值≤40	Hg 限量值≤0.001	Cd 限量值≤0.006	As 限量值≤0.06	Pb 限量值≤0.01	Cr^{7+} 限量值≤0.60	CN^{-} 限量值≤0.60	石油类限量值≤1.0	粪大肠菌群限量值≤10 000
宝山乡一心村	0.13	0.140	0.05	0.100	0.033	0.05	0.000 5	0.003	0.005	未检出
宝山乡兴塔村	0.20	0.130	0.05	0.042	0.033	0.05	0.006 0	0.003	0.005	未检出
宝山乡巨强村	0.27	0.130	0.05	0.100	0.033	0.05	0.005 0	0.003	0.005	未检出
宝山乡巨新村	0.07	0.140	0.05	0.042	0.033	0.30	0.005 0	0.003	0.005	未检出
宝山乡兴塔村	0.13	0.190	0.05	0.042	0.033	0.05	0.000 5	0.003	0.005	未检出
平阳镇建国村	0.27	0.163	0.05	0.042	0.033	0.05	0.006 0	0.003	0.005	未检出
平阳镇宏光村	0.20	0.180	0.05	0.042	0.033	0.05	0.002 0	0.003	0.005	未检出
查哈阳乡黎明村	0.27	0.155	0.05	0.100	0.033	0.05	0.005 0	0.003	0.005	未检出
东阳镇东升村	0.13	0.155	0.05	0.042	0.033	0.20	0.000 5	0.003	0.005	未检出
东阳镇联合村	0.20	0.135	0.05	0.167	0.033	0.05	0.005 0	0.003	0.005	未检出
巨宝镇金星村	0.07	0.140	0.05	0.042	0.033	0.30	0.005 0	0.003	0.005	未检出
巨宝镇缓化农场	0.20	0.180	0.05	0.133	0.033	0.05	0.000 5	0.003	0.005	未检出
巨宝镇巨宝农场	0.13	0.168	0.05	0.042	0.033	0.05	0.008 0	0.003	0.005	未检出
巨宝新镇华村	0.20	0.175	0.05	0.042	0.033	0.20	0.003 0	0.003	0.005	未检出

综合上述评价，该县种植业灌溉水质符合无公害食品标准的要求，水质质量合格，适宜生产无公害农产品。

（三）评价结论

通过对甘南县申报的无公害农产品县基地环境质量现状与检验检测与评价研究，得出如下结论：

甘南县申报的 35.5 万亩农产品基地种植措施均按照相应的生产技术操作规程执行，土壤、农田灌溉水和大气环境质量好，申报的无公害农产品产地环境符合蔬菜与水稻产地环境条件的要求，可以作为生产无公害农产品原料种植基地。

四、龙江县（嫩江干流右岸漫滩与阶地、大兴安岭东）

龙江县面积 6 175km^2 辖、14 个乡镇、169 个村，其中耕地 36.73hm^2，作物以玉米、水稻为主，林业面积 138 万亩。森林覆盖率 16.2%，有嫩江主要支流雅鲁河、绰尔河。水域面积 22 万亩，全县地表地下水资源总量 8.9 亿 m^3，可利用水资源 6.9 亿 m^3，现有农业灌溉水井 5.8 万眼。全县奶牛存栏 7.8 万头，饲养肉牛 44 万头，山绵羊 0.5 万头，生猪 90 万头。家禽 162.9 万只。

（一）土壤评价

根据龙江县 14 个乡镇 450 个土样的 pH 值及 Cd、Hg、As、Pb、Cr 等 5 个重金属元素评价研究，分指数均低于 1.0（表 14-13）。

由土壤评价研究结果可以看出，各研究点土壤污染指数分指数均小于 1.0，表明该地区的土壤环境质量符合中华人民共和国农业行业标准《NY/T5010—2002 无公害食品 蔬菜产地环境条件》，土壤环境现状良好，土壤环境合格，适宜生产无公害工产品。

表 14-13 龙江县无公害农产品质量土壤评价

监测点名称	样本数	分指数														
		Cd (mg/kg)			Hg (mg/kg)			As (mg/kg)			Pb (mg/kg)			Cr (mg/kg)		
		平均值	最高值	最低值	平均值	最高值	最低值	平均值	最高值	最低值	平均值	最高值	最低值	平均值	最高值	最低值
龙江县白山镇	31	0.354	0.54	0.11	0.066	0.1	0.03	0.290	0.75	0.14	0.320	0.85	0.16	0.227	0.34	0.12
龙江县黑岗乡	18	0.355	0.63	0.08	0.067	0.1	0.03	0.312	0.53	0.17	0.266	0.54	0.12	0.212	0.27	0.15
龙江县哈拉海乡	25	0.472	0.54	0.06	0.064	0.11	0.03	0.269	0.46	0.10	0.268	0.58	0.1	0.268	0.47	0.12
龙江县龙江镇	33	0.446	0.62	0.07	0.068	0.22	0.03	0.256	0.46	0.13	0.307	0.62	0.14	0.220	0.33	0.11
龙江县头站乡	34	0.359	0.63	0.08	0.079	0.22	0.03	0.649	13.52	0.13	0.180	0.38	0.1	0.233	0.32	0.03
龙江县广厚乡	40	0.267	0.68	0.05	0.083	0.27	0.01	0.291	0.53	0.17	0.355	0.62	0.1	0.209	0.38	0.06
龙江县景星镇	17	0.272	0.54	0.07	0.065	0.11	0.03	0.334	0.55	0.15	0.341	0.57	0.12	0.212	0.32	0.12
龙江县山泉镇	58	0.371	0.56	0.11	0.081	0.22	0.01	0.262	0.51	0.17	0.269	0.58	0.08	0.257	0.38	0.03
龙江县龙兴镇	49	0.513	0.72	0.20	0.180	0.28	0.03	0.237	0.28	0.13	0.174	0.19	0.15	0.266	0.31	0.23
龙江县济沁河乡	48	0.465	0.56	0.29	0.158	0.25	0.06	0.274	0.46	0.17	0.293	0.85	0.16	0.239	0.31	0.15
龙江县杏山镇	53	0.358	0.65	0.09	0.127	0.25	0.03	0.299	0.51	0.15	0.361	0.85	0.16	0.228	0.31	0.16
龙江县七棵树	44	0.208	0.53	0.05	0.075	0.25	0.03	0.308	0.59	0.14	0.274	0.57	0.16	0.231	0.31	0.16

（二）水质评价研究结果

将水质检验研究结果用单项指数评价公式进行计算，评价结果列入表 14-14。

表 14-14 龙江县灌溉水质评价研究结果

监测点名称	pH 值	COD	Hg	Cd	As	Pb	Cr^{6+}	CN^-	石油类	粪大肠菌群
S-LJ-001	0.13	0.18	0.05	0.05	0.004	0.4	0.000 5	0.004	0.005	未检出
S-LJ-002	0.13	0.20	0.05	0.16	0.004	0.1	0.002 0	0.004	0.005	未检出
S-LJ-003	0.27	0.11	0.05	0.05	0.004	0.4	0.000 5	0.004	0.005	未检出
S-LJ-004	0.13	0.19	0.05	0.05	0.004	0.1	0.003 0	0.004	0.005	未检出
S-LJ-005	0.27	0.23	0.05	0.12	0.004	0.1	0.005 0	0.004	0.005	未检出
S-LJ-006	0.20	0.20	0.05	0.05	0.004	0.1	0.002 0	0.004	0.005	未检出

（续表）

监测点名称	pH 值	COD	Hg	Cd	As	Pb	Cr^{6+}	CN^-	石油类	粪大肠菌群
S-LJ-008	0.13	0.16	0.05	0.05	0.004	0.6	0.000 5	0.004	0.005	未检出
S-LJ-009	0.20	0.16	0.05	0.20	0.004	0.1	0.005 0	0.004	0.005	未检出
S-LJ-0010	0.13	0.14	0.05	0.12	0.004	0.1	0.000 5	0.004	0.005	未检出
S-LJ-0011	0.27	0.18	0.05	0.05	0.004	0.8	0.002 0	0.004	0.005	未检出
S-LJ-0012	0.27	0.13	0.05	0.12	0.004	0.1	0.005 0	0.004	0.005	未检出
S-LJ-0013	0.13	0.14	0.05	0.05	0.004	0.6	0.005 0	0.004	0.005	未检出
S-LJ-0014	0.13	0.22	0.05	0.05	0.004	0.1	0.000 5	0.004	0.005	未检出
S-LJ-0015	0.27	0.16	0.05	0.05	0.004	0.1	0.002 0	0.004	0.005	未检出
S-LJ-0016	0.20	0.16	0.05	0.05	0.004	0.1	0.003 0	0.004	0.005	未检出
S-LJ-0017	0.13	0.18	0.05	0.12	0.004	0.1	0.005 0	0.004	0.005	未检出
S-LJ-0018	0.20	0.17	0.05	0.05	0.004	0.4	0.000 5	0.004	0.005	未检出
S-LJ-0019	0.20	0.21	0.05	0.05	0.004	0.1	0.007 0	0.004	0.005	未检出
S-LJ-0020	0.20	0.17	0.05	0.12	0.004	0.1	0.000 5	0.004	0.005	未检出
S-LJ-0021	0.27	0.23	0.05	0.05	0.004	0.1	0.000 5	0.004	0.005	未检出
S-LJ-0022	0.07	0.19	0.05	0.05	0.004	0.1	0.002 0	0.004	0.005	未检出

由表 14-14 评价研究结果可以看出，各水质污染物指标分指数均小于 1.0，表明水质环境质量符合中华人民共和国农业行业标准《NY5116—2002 无公害食品 水稻产地环境条件》、中华人民共和国农业行业标准《NY2010—2002 无公害食品 蔬菜产地环境条件》。

综合上述评价，该地区种植业灌溉水水质符合无公害食品相应标准要求，水质质量合格适宜生产无公害产品。

（三）评价结论

通过对黑龙江省龙江县申报的无公害农产品基地环境质量现状监测与评价，得出如下结论：

龙江县申报的 207 万亩农产品基地农业种植措施均严格按照相应的生产技术操作规程执行，区域土壤、农田灌溉环境质量良好。申报的无公害农产品产地环境符合中华人民共和国农业行业标准《NY/T5010—2002 无公害食品 水稻产地环境条件》要求，可作为生产无公害农产品原料种植基地。

第二节　黑龙江省农垦局属的农场

一、富裕农场（嫩江干流左岸1975年二场合并而成）

总面积273km²，其中耕地面积8 333亩，林地3 663.4亩，草原4 495.2亩、水面1 787亩，其他占地838.8亩。

（一）土壤评价

富裕农场土壤评价数据见表14-15。

表14-15　富裕农场土壤评价

分指数						判定结果
pH值	Cd	Hg	As	Pb	Cr	
6.9	0.19	0.04	0.38	0.06	0.22	合格
7.0	0.11	0.05	0.29	0.07	0.20	合格
6.8	0.09	0.05	0.34	0.07	0.20	合格
6.7	0.10	0.04	0.28	0.06	0.20	合格
6.9	0.15	0.03	0.33	0.07	0.21	合格
6.8	0.14	0.03	0.25	0.07	0.21	合格

（二）水质评价（用单项污染指数评价）

由表14-16评价结果可以看出，各水质污染物指标分指数均小于1.0，表明水质环境质量符合中华人民共和国农业行业标准《NY5116—2002　无公害食品　水稻产地环境条件》和中华人民共和国农业行业标准《NY5332—2006　无公害食品　大田作物产地环境条件》。

表14-16　水质评价

样品编号	pH值	Hg	Cd	As	Cr^{6+}	Pb	石油类	挥发酚	结果判定
S-FYNC-001	0.07	0.60	0.09	0.18	0.009	0.50	0.018	0.000 6	合格
S-FYNC-002	0.13	0.90	0.14	0.22	0.013	0.30	0.028	0.001 2	合格
S-FYNC-003	0.13	0.40	0.18	0.10	0.018	0.70	0.036	0.000 9	合格
S-FYNC-004	0.07	0.50	0.10	0.14	0.010	0.40	0.020	0.001 7	合格

综合上述评价，种植业灌溉水水质符合无公害食品相关标准的要求。水质质量合格，适宜生产无公害农产品。

（三）大气（空气）

空气评价结果可以看出，空气污染物指标分指低于限量值，表明该地区的空气环境质量符合中华人民共和国农业行业标《NY5116—2002 无公害食品 水稻产地环境条件》和《NY5332—2006 无公害食品 大田作物产地环境条件》中“空气环境质量”指标要求，该地区的空气质量现状良好，适宜生产无公害产品。

通过黑龙江省富裕农场申报的无公害农产品基地环境质量现状与评价，得出如下结论：

富裕农场申报的5万亩农产品基地农业种植措施均严格按照相应的生产技术操作规程执行，区域土壤、农田灌溉水和大气环境质量良好，申报的无公害农产品产地环境符合中华人民共和国农业行业标准，可以作为生产无公害产品原料种植基地。

二、齐齐哈尔种畜场（嫩江干流在右岸漫滩与残余阶地）

由黑龙江省农垦总局齐齐哈尔分局管理，总面积31.6万亩，其中耕地6.44万亩，林地1.66万亩，草原6.9万亩，盐碱地6.97万亩，沼泽水面6.48万亩，总人口1 100人。下设3个管理区、12个作业区、1个街道办，场内农牧工商服综合经营，以农业为主、工业为辅。

（一）土壤评价

齐齐哈尔种畜场土壤评价数据见表14-17。

表14-17 齐齐哈尔种畜场土壤评价

评价地点	分指数						结果判定
	pH值	Cd	Hg	As	Pb	Cr	
第二管理区第五作业区	6.8	0.20	0.066	0.255	0.030	0.114	合格
第二管理区第五作业区	7.0	0.17	0.052	0.174	0.029	0.147	合格
第二管理区第五作业区	6.7	0.20	0.060	0.251	0.031	0.101	合格
第二管理区第五作业区	6.9	0.17	0.024	0.215	0.030	0.181	合格
第二管理区第五作业区	6.7	0.19	0.064	0.140	0.030	0.148	合格
第二管理区第十二作业区	6.8	0.17	0.076	0.259	0.030	0.174	合格
第二管理区第十二作业区	6.9	0.18	0.032	0.254	0.028	0.180	合格
第二管理区第十二作业区	6.8	0.18	0.006	0.135	0.030	0.144	合格
第二管理区第十二作业区	6.7	0.19	0.052	0.172	0.028	0.115	合格
第二管理区第十二作业区	6.9	0.17	0.032	0.258	0.026	0.181	合格
第二管理区第八作业区	6.9	0.17	0.044	0.255	0.029	0.147	合格
第二管理区第八作业区	6.8	0.23	0.042	0.214	0.029	0.101	合格
第二管理区第八作业区	6.9	0.17	0.036	0.214	0.029	0.104	合格
第二管理区第八作业区	7.0	0.21	0.078	0.257	0.030	0.081	合格
第二管理区第八作业区	6.8	0.18	0.076	0.174	0.029	0.118	合格
第二管理区第九作业区	6.9	0.31	0.048	0.173	0.029	0.115	合格

由表 14-17 评级结果可以看出，土壤污染物指标分指数均小于 1.0，表明土壤环境质量符合中华人民共和国农业行业标准《NY 5116—2002　无公害食品水稻产地环境条件》，土壤环境现状良好，土壤环境合格，适宜生产无公害农产品。

（二）灌溉水质评价

由表 14-18 及评价结果可以看出，各监测点水质污染物指标分指数均小于 1.0，表明该地区的水质环境质量符合中华人民共和国农业行业标准《NY5116—2002　无公害食品　水稻产地环境条件》、中华人民共和国农业行业标准《NY5010—2002 无公害食品　蔬菜产地环境条件》。

表 14-18　齐齐哈尔种畜场灌溉水质评价

监测点名称	pH 值	COD	Pb	cd	Hg	As	Cr^{6+}	CN^-	石油类	粪大肠菌群
S-KS-001	0	0.05	0.025	0.04	0.20	0.000 5	0.001	0.000 15	0.05	未检出
S-KS-002	0.07	0.05	0.080	0.04	0.05	0.002 0	0.001	0.000 60	0.05	未检出
S-KS-003	0.13	0.05	0.025	0.04	0.20	0.003 0	0.001	0.000 50	0.05	未检出
S-KS-004	0.07	0.05	0.009	0.04	0.05	0.003 0	0.001	0.000 50	0.05	未检出

综合上述评价，该地区种植业灌溉水水质符合无公害食品相应标准的要求，水质质量合格，适宜生产无公害农产品。

（三）空气（大气）评价

由空气监测及评价结果可以看出，各监测点空气污染物指标均小于指标限量值，表明该地区的空气环境质量符合中华人民共和国农业行业标准《NY5116—2002　无公害食品　水稻产地环境条件》中“空气环境质量”指标的要求，表明该地区的空气质量现状良好，适宜生产无公害农产品。

通过对黑龙江省齐齐哈尔种畜场申报的无公害农产品基地环境质量现状检验检测与评价，得出如下结论：

齐齐哈尔市种畜场申报的 5.3 万亩农产品基地农业种植措施均严格按照相应的生产技术操作规程执行，区域土壤和大气环境质量良好，申报的无公害山农产品产地环境符合中华人民共和国农业行业标准，可以作为生产无公害农产品原料种植基地。

三、哈拉海农场（嫩江右岸漫滩与残余阶地）

哈拉海农场由黑龙江省农垦总局九三分局管理，始建于 1956 年 3 月，现有土地 442 098 亩，总控制面积 294.73km^2，其中耕地面积 202 677 亩，草原 12 335.4hm^2，林地 21 444 亩，水面 2 865 亩，苇塘 16 410 亩，总人口 3 840 人，是集农、林、牧、副、渔、工、商、运、建、服为一体的现代化国有农业企业。

（一）土壤评价

由表 14-19 评价结果可以看出，土壤污染物指标分指数均小于 1.0，表明土壤环境质量符合中华人民共和国农业行业标准《NY5116—2002 无公害食品 水稻产地环境条件》，土壤环境现状良好，土壤环境合格，适宜生产无公害农产品。

表 14-19 哈拉海农场土壤评价

评价地点	分指数						结果判定
	pH 值	Cd	Hg	As	Pb	Cr	
第四作业区	6.9	0.19	0.03	0.34	0.05	0.18	合格
第四作业区	6.8	0.30	0.04	0.25	0.06	0.20	合格
第四作业区	6.9	0.28	0.02	0.21	0.08	0.15	合格
第四作业区	7.0	0.21	0.03	0.32	0.05	0.21	合格
第四作业区	6.6	0.30	0.04	0.30	0.06	0.17	合格
第四作业区	6.9	0.20	0.02	0.26	0.03	0.19	合格
第四作业区	6.8	0.31	0.04	0.28	0.07	0.17	合格
第四作业区	6.9	0.22	0.05	0.28	0.06	0.18	合格
第四作业区	6.7	0.25	0.03	0.24	0.06	0.20	合格
第四作业区	6.8	0.18	0.05	0.31	0.06	0.16	合格

（二）灌溉水质评价

将水质检验检测结果用单项污染指数评价公式进行计算，评价结果见表 16-19。

由表 14-20 可以看出，水质污染物指标分指数均小于 1.0，表明水质环境质量符合中华人民共和国农业行业标准《NY5116—2002 无公害食品 水稻产地环境条件》、中华人民共和国农业行业标准《NY5010—2002 无公害食品 蔬菜产地环境条件》。

表 14-20 哈拉海农场灌溉水质评价

监测点名称	pH	Pb	Cd	Hg	As	Cr^{6+}	挥发酚	石油类	结果判定
第二管理区十二作业区	0.20	0.50	0.10	0.24	0.500	0.01	0.010	0.000 5	合格
第三管理区八作业区	0.20	0.20	0.08	0.18	0.100	0.01	0.018	0.001 5	合格
第三管理区九作业区	0.07	0.60	0.13	0.12	0.700	0.01	0.034	0.000 6	合格

综合上述评价，该地区种植业灌溉水水质符合无公害食品相应标准的要求，水质质量合格，适宜生产无公害农产品。

（三）空气评价结果与结论

由空气监测及评价结果可以看出，各空气污染物指标均小于 1.0 指标限量值，表明空气环境质量符合中华人民共和国农业行业标准《NY5116—2002 无公害食品：水稻产地环境条件》中“空气环境质量”指标的要求，表明该地区的空气质量现状良好，适宜生产无公害农产品。

通过对黑龙江省哈拉海农场申报的无公害农产品基地环境质量现状检验检测与评价，得出如下结论：

哈拉海农场申报的12.5万亩农产品基地农业种植措施均严格按照相应的生产技术操作规程执行，区域土和大气环境质量良好。申报的无公害农产品产地环境符合中华人民共和国农业行业标准，可以作为生产无公害农产品原料种植基地。

通过对明水、杜蒙、甘南、龙江等4县与富裕、齐齐哈尔与哈拉海等3个农场环境检验、检测与评价研究，指数均小于1.0，适于无公害、绿色食品生产产地环境要求，符合国家标准条例，可以作为无公害绿色食品农作物产地、禽畜饮水与淡水养鱼水质标准生产基地。

为了更好地保护该区域现有良好的农业生态环境，使农业生产走上可持续发展的健康道路，从而生产出更多、更好的无公害农产品，特提出如下建议。

1. 充分发挥农业科技优势，对农田灾害早预报、早防治，做到人防、生防相结合，尽量减少农药与化肥的使用量，在提高产品质量的同时防止生态环境的恶化。

2. 选择适合本地区种植、抗逆性强、品质优良的品种，优化作物轮作方式，提高作物抗病、虫害的能力。

3. 建立农业生态环境保护区，保持本区域生态环境的稳定性。保护区内不允许兴建有污染的企业，以保证农作物有一个良好的生长环境。

4. 科学用药，合理施肥。限量施用高效、低毒、低残留的农药，鼓励施用有机肥腐植酸类复合肥，积极推广秸秆还田制度，培肥地力。

5. 严格按照生产无公害农产品的操作规程进行种植、养殖和管理，从根本上保证无公害农产品质量，保护和提高无公食品的声誉。

6. 废弃的地膜、垃圾要及时集中收集，并对其进行相应的处理，可以用作沤制有机肥的原料，防止因随意废弃堆放导致的二次污染。

7. 建议区域工业发展规划和建设方面要严格按照环保法和环境影响评价法等法律法规的要求，对新建和改扩建工矿企业进行环境影响评价，并对其进行环境保护竣工验收，保证其达标排放，防止因工业三废超标排放导致的区域环境污染，从而为农业的可持续发展提供一个良好的区域生态环境。

8. 建议当地政府和各有关部门制定一个科学的、可操作性强的区域无公害基地建设和发展规划，努力提高可持续发展意识，培植绿色文化，推动无公害食品消费，制定相应的扶持政策，统一规范、依靠科技、强化服务，推广无公害食品生产技术，规范无公害食品的生产流通，提高无公害农产品的开发力度，从而达到经济发展和保护环境同步进行。

第六篇　水土资源技术集成研究

第十五章　水、土与改土资源

研究区各县（市）均有风沙土类的分布，但占地较多（约占耕地的36.12%）以及分布较高的土壤，其成土母质亦为沙质，且水土资源丰富。因此，均以杜蒙县最多，故此篇将杜蒙县作为研究区水土资源范例进行概述。

第一节　水资源

一、地表水

地表水资源：一是当地天然降雨；二是嫩江自北向南流经杜蒙县的西部，全长146.7km；三是乌裕尔河在杜蒙县烟筒屯镇穿过滨州铁路桥西，呈无尾状漫流入境，使低洼地形成汇水在地表，形成大小湖泡群，其中部分经多年蒸发后，逐渐形成了盐碱泡子。

全县共有大小湖泡201个，水面达5 469.19hm^2，其中水面在100亩以上的有93个，较大的湖泡有连环湖、喇嘛寺泡、齐家泡、龙虎泡等，水面都在10万亩以上，水深也都在2.5m以上，其中连环湖是全省最大的泡沼，也是全省最大的淡水养殖场。这些湖泡不仅适于养鱼、育苇，还可灌溉周围的农田、草原。但枯水年还需补给淡水水源，初步统计新中国成立后北引已连续补给了约14亿余m^3的水源。北引改为有坝引水后，已将补水的水源列入了北引扩建后补水的水源规划，且已兴建了中部引嫩江水及龙虎泡水库工程。因此，水源是有保证的。

二、地下水

杜蒙县均居黑龙江省西部低平原与平原区域，地下水位较高，一般表层水深10m左右；第二层水深35m左右，含水层厚度13~15m；第三层水深90~120m，含水层厚度20~30m，是杜蒙县机电井开发利用的水层。

由于嫩江与乌裕尔河均发源于植物覆被高的大小兴安岭山区，水质较好，均可供人畜和养殖业应用。由于嫩江主要发源于大兴安岭山区，受人为影响很少，水质较乌裕尔河更好。

三、水资源开发利用

初步统计全县可开发水源为650 000万 m^3/年，其中地表水600 000万 m^3/年，地下水50 000万 m^3/年。可见开发利用水资源的潜力很大。

第二节　土壤资源

杜蒙县受植物、地形、气候、地质等自然条件的影响，加上土壤资源开发利用后受人为生产活动，分布不同类型的土壤，残余阶地分布着黑钙土、石灰性黑钙土和草甸风沙土；缓坡地分布着草甸黑钙土，低平地分布着盐化草甸土、碱化草甸土、石灰性草甸土。洼地分布着草甸沼泽土、沼泽土。

一、全县各土类面积

（一）风沙土类

面积191 925. 87hm²，占总土壤面积的34. 54%；其中耕地面积49 398. 63hm²，占总耕地面积的36. 12%。

（二）黑钙土类

面积64 913. 27hm²，占总土壤面积的1. 17%，其中耕地面积18 673. 10hm²，占总耕地面积的13. 65%。

（三）草甸土类

面积247 551. 73hm²，占总土壤面积的44. 55%，其中耕地面积65 463. 45hm²。

（四）新积土类

面积1 701. 47hm²，占总土壤面积0. 32%，其中耕地面积160. 74hm²，占总耕地面积的0. 12%。

（五）沼泽土类

面积40 526. 93hm²，占总土壤面积的8. 91%，其中耕地面积3 061. 01hm²。

合计：全县土壤面积55 5719. 27hm²，占总土壤面积的100%，其中耕地面积136 756. 91hm²，占总耕地面积的100. 00%。

二、连环湖镇（白音诺勒乡）各类土壤面积。

（一）风沙土类

面积21 875. 13hm²，占总土壤面积的3. 94%。其中耕地面积7 029. 15hm²，占总耕地面积的5. 13%。

（二）黑钙土类

面积7 210. 10hm²，占总土壤面积的0. 07%。其中耕地面积1 342. 80hm²，占总耕地面积的 0.98%。

（三）草甸土类

面积 13 598.93hm²，占总土壤面积的，2.45%。其中耕地面积 962.39hm²，占总耕地面积的 0.70%。

（四）新积土类

面积 1 534.40hm²，占总土壤面积的 0.26%。其中耕地面积 57.87hm²，占总耕地面积的 0.04%。

（五）沼泽土类

面积 2 909.67hm²，占总土壤面积的 0.52%。其中耕地面积 1 179.84hm²，占总耕地面积的 0.86%。

全镇（乡）合计：土地面积 43 965.93hm²，占总土地面积的 7.91%，其中耕地面积 10 554.99hm²，占总耕地面积的 7.72%。

第三节　改土资源

1. 改土资源丰富，风沙土类与盐碱土类呈复区分布，有利于风沙土类利用黏壤质的盐碱土类，即劣势互补，可能成为优势。

2. 河漫滩中分布牛轭湖较多，而牛轭湖富含有机质等植物需要的营养元素的淤泥较多，对利用改良瘠布的风沙土类的土壤资源十分有利。

3. 遍地分布的垃圾，集中进行无害化处理后，是一种植物需要的有机营养元素与改良土壤的物质，不仅可以增加植物需要的有机肥料，还可以改善土壤的理化性状。

4. 改变牲口饲养方式，即散养改为圈养。牲口圈养，也是一种较好的积肥的有效方式。

5. 全面实施测土配方施肥，并加强配肥的建设。每个乡镇都应有一个适于本乡镇的供肥建设站，逐步实施耕地专用配方肥的施用。

第十六章　水、土资源技术集成

第一节　林网与林业

一、林网规格

目前林网多为500m×500m，在沙土区林网过稀，因在现有林网的基础上，增加一林带，即林网应为250m×250m或250m×200m窄林网为宜。

二、林带结构应为乔灌结合

乔木由目前速生杨树为主改为樟子松；灌木应以胡枝子或沙棘、紫穗槐等豆科植物，既可增加农业收入，又可提高防风固沙的效果。

三、充分利用行政资源

杜蒙县归属于大庆市后，大庆市委、市政府便举全市之力，动员石油、石化等中直大企业参战，杜蒙县组织各级干部与当地群众，实施大规模植树造林、防沙治沙工程，16年里，最多1 000多人参战，参加造林人数累计超过14万人次，出动车辆4.3万台次，投入资金3亿多元，栽植樟子松、云杉、银中杨、锦鸡宪（胡枝子）20多个树种，造林保存面积63.6万亩，筑起一道长89.8~25km网、带、片相结合的绿色屏障，生态长城，森林覆盖率由2000年的6.8%（未归大庆市前）提高到30.4%，封死了科尔沁沙地侵蚀龙江的通道。为杜蒙县重点乡镇开展水土资源技术集成创造了条件。

第二节　窄林网内水资源技术集成

一、林网与林业

（一）林网

在现有林网500m×500m的基础上增加一条林带即改为250m×250m或250m×200m的林带。

（二）林业

改为乔灌结合，乔木全部改为樟子松，灌木用胡枝子或沙棘等豆科植物，以增加当地农民的经济收入及提高防风固沙的效益。

二、在窄林网内进行集成项目研究

（一）打井与灌溉

全部改为坐水淹种，滴灌或喷灌，进行耕灌，但每次灌水量宜少。进行灌水制度试验。

（二）新品种试验

引入优质的红小豆与芸豆以及k112粮饲兼用的芸豆新品种试验，并在全县或研究区种植。

（三）客土试验

沙区盐碱土与盐碱土改善沙土以及牛轭湖淤土改沙的试验研究。

第七篇　结　论

第十七章　研究取得的主要成果

第一节　环境条件

一、自然环境

1. 对研究区内的气候包括20世纪50~80年代中华人民共和国成立后先后建立的气象站、气象局及2018年黑龙江省年鉴，哈尔滨、齐齐哈尔与大庆市气象资料包含降雨、日照、风速等资料。

2. 地质地貌（地质、地貌）。

3. 水文（主要江、河、库、湖泊）。

4. 生物（植物、动物）。

5. 土壤（土类、个别为亚类）。

二、社会经济环境

为2017年黑龙江统计年鉴、2016年的资料与研究区有关的部分。

第二节　土壤型资源利用问题与改良措施

一、土壤类

有黑土、白浆土、黑钙土、盐土、碱土、草甸土、沼泽土类与盐化碱化草甸土的面积。

二、利用存在的主要问题

用养失调、风蚀、沙化、盐碱、干旱、洪涝。

三、改良措施

全面规划，综合治理，列入当地生态建设；防治风蚀、沙化；增加豆科植物种植面积；改造现有林带、加强草原林业建设；客土；防治土壤盐碱；草田轮作；科学耕作施肥；轮作、对藏粮于地、于技；测土配方施肥的实施。

第三节　水资源环境量与质、开发利用现状以及预测、保护措施

一、水资源量与水质分析

（一）水资源量

杜尔伯特蒙古族自治县的地面、地下水量。

（二）水质分析

杜尔伯特蒙古族自治县地面、地下水质实际分析的结果。

1. 江河湖库（可用于人畜饮用）。
2. 人工河边与滞洪区（不宜于人畜饮用，但可用于草原灌溉）。

二、水资源利用

（一）现状

指杜尔伯特蒙古族自治县的地面、地下水利用现状。

（三）问题

地面水有干渠，缺支渠，田间工程不完备。

三、水资源

（一）预测

杜尔伯特蒙古族自治县水资源丰富，具体由其农业、生产、生活用水与河流、降水等多种因素而定。

（二）保护措施

1. 根据 1998 年、2013 年杜尔伯特蒙古族自治县两次实际需要，进行补充完善。
2. 根据杜尔伯特蒙古族自治县测土配方调查研究发现的问题采取对策措施。

第四节　k112 籽粒苋种植与栽培技术

适于研究区土类的生长，为发展畜牧禽业生产提供新的饲料资源。

通过首次种植总结完整的栽培技术措施，包括种植时间、田间管理、干粉加工等的技术途径措施。

第五节 无公害、绿色有机食品产地环境检验检测与评价研究

一、代表县（市）

包括明水、杜蒙、龙江、甘南等4县。

二、代表农场

包括富裕、齐齐哈尔种畜场与哈拉海农场。

县、场均包括种植业、养殖业与淡水养殖业的产地环境与评价研究。提出了研究区研究创新点八处。

第十八章　问　题

第一节　资金不足

研究区所需经费较多，但主持研究与参加研究单位均属事业单位，没有专项研究经费，而国家又无支持该项研究的经费，所以有的项目、特别是植物样的分析，无法进行。

第二节　主持研究单位多变

主要研究单位：经历了水利部黑龙江省水利水电勘测设计研究院、土壤肥料管理站、黑龙江省引嫩工程管理处等单位，最后才确定由黑龙江省水利学校主持，虽申请书未变，由于主持研究单位的变动，直接影响研究的如期完成。

第三节　k112 籽粒苋是首次种植

k112 籽粒苋是第一次在高寒研究区种植，从种植与栽培技术只能在摸索中进行，在地块的选择上，个别在排水不良区种植，影响产品产量与品质。

第四节　水资源高新技术集成

水资源高新技术集成研究，是以杜蒙县蒙古族自治县为代表进行研究，其研究成果在研究区只能结合本县实施，参考引用。

第十九章 建 议

水土资源是生命之源，人类赖以生存的环境条件，也是农牧渔业生产的生产资料。研究区开发较晚，但是是黑龙江省政治、经济、文化发达地区，是国家振兴东北老工业基地建设的中心地带，也是全国石油、石化工业重要基地。为此，利用与保护（改良）研究区土水资源、扩大畜牧业发展饲料资源、落实省委省政府、打绿色弹、走绿色食品之路，利用与建设好土水资源具有现实与长远的意义。

第一节 土壤资源利用与改良土壤类型多

研究区是世界三大黑土分布区之一，研究区内有黑土、暗棕壤（面积小）、黑钙土、风沙土、盐土、碱土、草甸土、沼泽土等土类，本着宜农则农、宜牧则牧、宜副则副、宜鱼则鱼、因土利用，发挥土类资源的优势，并加以综合利用。

充分利用测土配方施肥项目的成果，研究区的县（市）与部分农场已完成了测土配方项目，积累大量的实测数据，可以借用“3S”移动通讯网集合技术，建立研究区科学施肥，专家智能服务系统，更有效的推广测土配方施肥技术，并加强配方肥料的建设。使测土配方施肥项目发挥更大的效益。

一、加大盐碱地与风沙土防治力度

研究区是苏打盐碱土与风沙土集中分布与低产贫困的地区。根据十九大的精神，使该地区尽快脱贫、富裕，必须采取防治苏打盐碱土与风沙土的力度。

研究区内已兴建了肇兰新河与安肇新河及其配套完成了王花泡、北二十里泡、中内泡、库里泡与青肯泡等大的滞洪区与污水库，打破了自然状态的封闭状态，使排水有了出路，防护林网与林业建设也为防治风沙土风蚀创造了好的环境条件。但是仍需加大防治力度，使措施落到实处。

二、就地取材改土培肥

研究区内有丰富的腐泥、沙质与盐碱，为利用盐碱地腐泥、沙改碱、碱改沙、劣势互补，可能成为优势，随着经济的发展，农业机械化程度不断提高，如能在各级领导的领导指导下，进行科学的客土，在较短的时间内，完全可以成为优质的好土。

第二节　水资源科学利用与保护

1. 加强节水宣传与措施。

研究区水资源来源于天然降雨，而区内市全省降水量最小的区域，多年平均降水量只有400多毫米，且多分布在北部和山区，年内分配不均，播种与苗期占年降水量的1%左右，主要降水量在6—8月，占全年降水量的70%左右，必须坚持全社会节约用水的宣传，并采取节水的措施（如价格措施等）。

2. 工业企业是用水大户，必须坚持厂内循环利用，经处理达标才允许厂外排放，为此，要加强监测与处分力度。

3. 对滞洪区在保障洪水安全的前提条件下，仅可能多蓄少排，以改善当地的生态环境。

4. 加强对垃圾等废物的处理，对分散的垃圾需集中处理，经处理后仅可能生产有机肥料再利用。

5. 经过1998年、2013年区内两次洪灾后，对区内洪涝采取了措施，但对区内危害尚未完全消除，应在调整研究的基础上、针对存在的遗留问题，采取必要水利工程措施加以解决。

6. 对已规划兴建的水库塘场，应抓紧落实。

7. 以小流域为单位，针对问题，采取生物、工程结合等水土保持的措施，真正做到既排出水、又保留了土与肥的措施。

第三节　k112籽粒苋种植与栽培技术

经过2017年与2018年两年首次的种植，获得了成功，取得了一些经验，但种植在受涝害的低洼地，产量较低，品质也受一定的影响，要获得稳产高质应坚持科学种植，严格执行操作规程。

第四节　扩大无公害绿色有机食品产地环境的检验检测与评价研究

研究区仅对4个县（市）3个场进行产地土、水、气产地环境进行检验检测与评价研究虽有一定的代表性，但占比例较小，应进一步扩大进行检验检测与评价研究。

第五节 水资源高新技术集成

水资源高新技术集成是以杜尔伯特蒙古族自治县为代表进行研究的成果，研究区各县市应结合本地实际情况参考应用，杜蒙县应将盐碱改沙，沙改盐碱，即劣项互补成为优势，且应利用区内其他改土资源进行改良研究。

附件一：杜尔伯特蒙古族自治县水田试验基地；安肇与肇兰新河源头以及地面水质检验资料

日期：2011 年 6 月水质检测

地点：杜蒙县水稻试验地

分析项目 ($B^{z±}$)		P ($B^{z±}$) (mg/L)	C (1/z$B^{z±}$) (mmol/L)	X (1/z$B^{z±}$) (%)	分析项目 (B)	P (B) (mg/L)
阳离子	K^+	2. 59	0. 066	0. 64	Fe^{2+}	
	Na^+	203. 00	8. 830	85. 20	Fe^{3+}	
	Ca^{2+}	15. 65	0. 781	7. 54	Mn	
	Mg^{2+}	8. 30	0. 683	6. 59	Al	
	NH_4^+	0. 08	0. 004	0. 04	Cu	
	合计	229. 62	10. 364	100. 01	Cd	
阴离子	HCO_3^-	362. 38	5. 939	54. 02	Zn	
	CO_3^{2-}	30. 73	1. 024	9. 31	As	
	Cl^-	94. 34	2. 661	24. 20	Hg	
	SO_4^{2-}	55. 00	1. 145	10. 41	Pb	
	NO_3^-	14. 03	0. 226	2. 06	Se	
	NO_2^-	0. 012			Li	
	合计	556. 49	10. 995	100. 00	Sr	
分析项目 (B)		P ($CaCO_3$) (mg/L)	分析项目 (B)	P (B) (mg/L)	Cr	
					Co	
总碱度		348. 46	氟化物		Ni	
总硬度		73. 27	溴化物		V	
暂硬度		73. 27	碘化物		HPO_4^{2-}	
负硬		275. 20	氰化物		可溶 SiO_2	5. 42
总酸度		0	挥发性酚		H_2SiO_3	7. 05
pH 值		8. 73	硼酸			
色度 (°)			游离 CO_2	0		
浊度 (NTU)			耗氧量			
臭和味			溶解性总固体	610. 25		
肉眼可见物			洗涤剂			

日期：2011 年 6 月水质检测

地点：杜蒙水稻试验基地硒水池

分析项目 ($B^{z\pm}$)		P ($B^{z\pm}$) (mg/L)	C ($1/zB^{z\pm}$) (mmol/L)	X ($1/zB^{z\pm}$) (%)	分析项目 (B)	P (B) (mg/L)
阳离子	K^+	10.25	0.262	2.59	Fe^{2+}	
	Na^+	413.70	6.251	61.70	Fe^{3+}	
	Ca^{2+}	39.12	1.952	19.27	Mn	
	Mg^{2+}	20.17	1.659	16.38	Al	
	NH_4^+	0.12	0.007	0.07	Cu	
	合计	213.36	10.131	100.01	Cd	
阴离子	HCO_3^-	499.85	8.192	76.65	Zn	
	CO_3^{2-}	18.42	0.614	5.74	As	
	Cl^-	42.72	1.205	11.27	Hg	
	SO_4^{2-}	20.00	0.416	3.89	Pb	
	NO_3^-	16.17	0.261	2.44	Se	
	NO_2^-	<0.004			Li	
	合计	597.16	10.688	99.99	Sr	
分析项目 (B)		P ($CaCO_3$) (mg/L)	分析项目 (B)	P (B) (mg/L)	Cr	
					Co	
总碱度		440.70	氟化物		Ni	
总硬度		180.71	溴化物		V	
暂硬度		180.71	碘化物		HPO_4^{2-}	
负硬		259.98	氰化物		可溶 SiO_2	12.57
总酸度		0	挥发性酚		H_2SiO_3	16.35
pH 值		8.44	硼酸			
色度 (°)			游离 CO_2	0		
浊度 (NTU)			耗氧量			
臭和味			溶解性总固体	573.05		
肉眼可见物			洗涤剂			

日期：2011 年 6 月水质检测

地点：杜蒙水田基地水田地

分析项目 ($B^{z±}$)		P ($B^{z±}$) (mg/L)	C ($1/zB^{z±}$) (mmol/L)	X ($1/zB^{z±}$) (%)	分析项目 (B)	P (B) (mg/L)
阳离子	K^{+}	10.25	0.262	2.35	Fe^{2+}	
	Na^{+}	214.80	9.343	83.80	Fe^{3+}	
	Ca^{2+}	21.52	1.074	9.63	Mn	
	Mg^{2+}	4.74	0.390	3.50	Al	
	NH_4^{+}	1.44	0.080	0.72	Cu	
	合计	252.75	11.149	100.00	Cd	
阴离子	HCO_3^{-}	362.38	5.939	54.89	Zn	
	CO_3^{2-}	12.30	0.410	3.79	As	
	Cl^{-}	106.78	3.012	27.84	Hg	
	SO_4^{2-}	65.00	1.353	12.51	Pb	
	NO_3^{-}	6.52	0.105	0.97	Se	
	NO_2^{-}	<0.004			Li	
	合计	552.98	10.819	100.00	Sr	
分析项目 (B)		P ($CaCO_3$) (mg/L)	分析项目 (B)	P (B) (mg/L)	Cr	
					Co	
总碱度		317.74	氟化物		Ni	
总硬度		73.27	溴化物		V	
暂硬度		73.27	碘化物		HPO_4^{2-}	
负硬		244.47	氰化物		可溶 SiO_2	24.12
总酸度		0	挥发性酚		H_2SiO_3	31.35
pH 值		8.39	硼酸			
色度 (°)			游离 CO_2	0		
浊度 (NTU)			耗氧量			
臭和味			溶解性总固体	647.22		
肉眼可见物			洗涤剂			

肇兰新河源头之一

日期：2015年6月水质检验报告

地点：青肯泡滞洪区

分析项目 ($B^{z\pm}$)		P ($B^{z\pm}$) (mg/L)	C ($1/zB^{z\pm}$) (mmol/L)	X ($1/zB^{z\pm}$) (%)	分析项目 (B)	P (B) (mg/L)
阳离子	K^+	7.42	0.190	1.16	Fe^{2+}	0.12
	Na^+	271.59	11.813	71.84	Fe^{3+}	<0.04
	Ca^{2+}	43.21	2.156	13.11	Mn	0.138
	Mg^{2+}	27.40	2.254	13.71	Al	0.063
	NH_4^+	0.56	0.031	0.19	Cu	<0.008
	合计	350.18	16.444	100.01	镉	<0.002
阴离子	HCO_3^-	518.95	8.505	48.99	Zn	0.004 2
	CO_3^{2-}	63.01	2.100	12.10	As	0.032 31
	Cl^-	124.58	3.514	20.24	Hg	<0.000 05
	SO_4^{2-}	140.00	2.915	16.79	Pb	<0.001
	NO_3^-	20.32	0.328	1.89	Se	<0.000 1
	NO_2^-	<0.004			Li	
	合计	866.86	17.362	100.01	Sr	
分析项目 (B)		P ($CaCO_3$) (mg/L)	分析项目 (B)	P (B) (mg/L)	Cr	<0.004
					Co	
总碱度		530.73	氟化物	1.555	Ni	
总硬度		220.70	溴化物	<0.05	Sb	0.001 070
暂硬度		220.70	碘化物	0.013	HPO_4^{2-}	4.140
负硬		310.03	氰化物	<0.002	可溶 SiO_2	4.05
总酸度		0	挥发性酚	<0.002	H_2SiO_3	5.26
pH值		8.29	硼酸			
色度（°）		82	游离 CO_2	0		
浊度（NTU）		2.0	耗氧量	25.57		
臭和味		无	溶解性总固体	1 227.05		
肉眼可见物		有沉淀	阴离子合成洗涤剂	<0.05		

肇兰新河源头之二

日期：2015 年 6 月水质检验报告

地点：青肯泡污水库闸前

分析项目 ($B^{z\pm}$)		P ($B^{z\pm}$) (mg/L)	C ($1/zB^{z\pm}$) (mmol/L)	X ($1/zB^{z\pm}$) (%)	分析项目 (B)	P (B) (mg/L)
阳离子	K^+	17. 30	0. 442	0. 88	Fe^{2+}	0. 68
	Na^+	967. 07	42. 065	83. 81	Fe^{3+}	0. 20
	Ca^{2+}	72. 67	3. 626	7. 22	Mn	0. 178
	Mg^{2+}	48. 84	4. 018	8. 01	Al	<0. 01
	NH_4^+	0. 70	0. 039	0. 08	Cu	<0. 008
	合计	1 106. 58	50. 190	100. 00	Cd	<0. 002
阴离子	HCO_3^-	531. 76	8. 715	17. 51	Zn	0. 011 0
	CO_3^{2-}	69. 31	2. 310	4. 64	As	0. 028 41
	Cl^-	218. 04	6. 150	12. 35	Hg	0. 000 341
	SO_4^{2-}	1 550. 00	32. 271	64. 82	Pb	<0. 001
	NO_3^-	20. 98	0. 338	0. 68	Se	0. 000 27
	NO_2^-	0. 016			Li	
	合计	2 390. 10	49. 784	100. 00	Sr	

分析项目 (B)	P ($CaCO_3$) (mg/L)	分析项目 (B)	P (B) (mg/L)		
				Cr	<0. 004
				Co	
总碱度	551. 75	氟化物	8. 350	Ni	
总硬度	387. 45	溴化物	0. 052	Sb	0. 006 770
暂硬度	387. 45	碘化物	0. 350	HPO_4^{2-}	0. 061
负硬	164. 30	氰化物	<0. 002	可溶 SiO_2	3. 56
总酸度	0	挥发性酚	<0. 002	H_2SiO_3	4. 63
pH 值	8. 12	硼酸			
色度 (°)	76	游离 CO_2	0		
浊度 (NTU)	12. 0	耗氧量	26. 35		
臭和味	无	溶解性总固体	3 510. 11		
肉眼可见物	大量沉淀	阴离子合成洗涤剂	<0. 05		

日期：2013 年 6 月水质检验报告

地点：安肇新河库里泡滞洪区泄水闸上水

分析项目 ($B^{z\pm}$)		P ($B^{z\pm}$) (mg/L)	C ($1/zB^{z\pm}$) (mmol/L)	X ($1/zB^{z\pm}$) (%)	分析项目 (B)	P (B) (mg/L)
阳离子	K^+	9.16	0.234	1.12	Fe^{2+}	1.04
	Na^+	408.50	17.769	84.97	Fe^{3+}	0.52
	Ca^{2+}	20.04	1.000	4.78	Mn	<0.01
	Mg^{2+}	23.10	1.900	9.09	Al	<0.01
	NH_4^+	0.16	0.009	0.04	Cu	0.010 4
	合计	460.96	20.912	100.00	Cd	0.002 4
阴离子	HCO_3^-	527.68	8.648	39.99	Zn	0.034 1
	CO_3^{2-}	77.53	2.584	11.95	As	0.061 39
	Cl^-	236.44	6.669	30.84	Hg	0.000 766
	SO_4^{2-}	167.50	3.487	16.13	Pb	0.002 5
	NO_3^-	14.58	0.235	1.09	Se	0.000 37
	NO_2^-	<0.004			Li	
	合计	1 023.73	21.623	100.00	Sr	
分析项目 (B)		P ($CaCO_3$) (mg/L)	分析项目 (B)	P (B) (mg/L)	Cr	<0.004
					Co	
总碱度		562.11	氟化物	1.930	Ni	
总硬度		147.63	溴化物	<0.05	Sb	0.003 540
暂硬度		147.63	碘化物	0.110	HPO_4^{2-}	0.329
负硬		414.63	氰化物	<0.002	可溶 SiO_2	3.83
总酸度		0	挥发性酚	<0.002	H_2SiO_3	4.98
pH 值		8.79	硼酸			
色度（°）		45	游离 CO_2	0		
浊度（NTU）		15.0	耗氧量	15.84		
臭和味		无	溶解性总固体	1 224.52		
肉眼可见物		大量泥沙沉淀	阴离子合成洗涤剂	<0.05		

日期：2015 年 6 月水质检验报告

地点：安肇新河库里泡滞洪区泄水闸上

分析项目 ($B^{z\pm}$)		P ($B^{z\pm}$) (mg/L)	C ($1/zB^{z\pm}$) (mmol/L)	X ($1/zB^{z\pm}$) (%)	分析项目 (B)	P (B) (mg/L)
阳离子	K^+	7.75	0.198	0.82	Fe^{2+}	0.60
	Na^+	454.88	19.786	82.21	Fe^{3+}	0.68
	Ca^{2+}	29.46	1.470	6.11	Mn	0.239
	Mg^{2+}	30.97	2.548	10.59	Al	<0.01
	NH_4^+	1.20	0.067	0.28	Cu	<0.008
	合计	524.26	24.069	100.01	Cd	<0.002
阴离子	HCO_3^-	557.39	9.135	36.92	Zn	0.019 7
	CO_3^{2-}	88.21	2.940	11.88	As	0.020 99
	Cl^-	293.66	8.283	33.48	Hg	0.000 252
	SO_4^{2-}	195.00	4.060	16.41	Pb	0.004 0
	NO_3^-	20.12	0.324	1.31	Se	<0.000 1
	NO_2^-	0.024	0.001	0	Li	
	合计	1 154.40	24.743	100.00	Sr	
分析项目 (B)		P ($CaCO_3$) (mg/L)	分析项目 (B)	P (B) (mg/L)	Cr	<0.004
					Co	
总碱度		604.29	氟化物	3.725	Ni	
总硬度		198.63	溴化物	0.395	Sb	0.001 140
暂硬度		198.63	碘化物	0.012	HPO_4^{2-}	0.373
负硬		405.66	氰化物	<0.002	可溶 SiO_2	7.06
总酸度		0	挥发性酚	<0.002	H_2SiO_3	9.18
pH 值		8.62	硼酸			
色度（°）		45	游离 CO_2	0		
浊度（NTU）		150.0	耗氧量	26.35		
臭和味		无	溶解性总固体	1 691.75		
肉眼可见物		大量沉淀	阴离子合成洗涤剂	<0.05		

日期：2018 年 9 月水质检验

地点：杜蒙度假村混合地表地下水

分析项目 ($B^{z\pm}$)		P ($B^{z\pm}$) (mg/L)	C ($1/zB^{z\pm}$) (mmol/L)	X ($1/zB^{z\pm}$) (%)	分析项目 (B)	P (B) (mg/L)
阳离子	K^+	2.68	0.069	1.26	Fe	0.252
	Na^+	76.08	3.309	60.26	Mn	0.026
	Ca^{2+}	36.07	1.800	32.78	Al	<0.01
	Mg^{2+}	3.65	0.300	5.46	Cu	<0.008
	NH_4^+	0.24	0.013	0.24	Cd	0.002 5
	合计	118.72	5.491	100.00	Zn	0.009 0
阴离子	HCO_3^-	218.68	3.584	63.61	As	0.008 56
	CO_3^{2-}	15.36	0.512	9.09	Hg	<0.000 05
	Cl^-	31.52	0.889	15.78	Pb	0.001 3
	SO_4^{2-}	20.00	0.416	7.38	Se	<0.000 1
	NO_3^-	13.03	0.210	3.73	Li	<0.01
	NO_2^-	0.004			Sr	0.271
	F^-	0.429	0.023	0.41	Ba	0.035 0
	合计	299.02	5.634	100.00	V	0.001 2
分析项目 (B)		P ($CaCO_3$) (mg/L)	分析项目 (B)	P (B) (mg/L)	Ni	0.006 76
					Co	<0.005
总碱度		204.98	HPO_4^{2-}	0.541	Cr	<0.004
总硬度		102.59	溴化物	<0.05	Sb	<0.000 05
暂硬度		102.59	碘化物	0.010	Ag	<0.000 14
负硬		102.39	氰化物	<0.002	可溶 SiO_2	12.95
总酸度		0.00	挥发性酚	<0.002	H_2SiO_3	16.83
pH 值		8.32	硼酸	0.612		
色度（°）		60	游离 CO_2	0		
浊度（NTU）		105.0	耗氧量	3.92		
臭和味		无	溶解性总固体	431.52		
肉眼可见物		少量沉淀	阴离子合成洗涤剂	<0.05		

附件二：杜尔伯特蒙古族自治县 2018 年地面地下水水质检验报告

日期：2018 年 7 月水质检验

地点：杜蒙龙虎泡水库（中引）

分析项目 ($B^{z±}$)		P ($B^{z±}$) (mg/L)	C ($1/zB^{z±}$) (mmol/L)	X ($1/zB^{z±}$) (%)	分析项目 (B)	P (B) (mg/L)
阳离子	K^+	2.95	0.075	1.25	Fe^{2+}	0.24
	Na^+	81.08	3.527	58.79	Fe^{3+}	1.12
	Ca^{2+}	31.06	1.550	25.84	Mn	0.083
	Mg^{2+}	9.72	0.800	13.34	Al	0.061
	NH_4^+	0.84	0.047	0.78	Cu	<0.008
	合计	125.65	5.999	100.00	Cd	<0.002
阴离子	HCO_3^-	231.19	3.789	60.06	Zn	0.040 0
	CO_3^{2-}	30.73	1.024	16.23	As	0.009 63
	Cl^-	37.79	1.066	16.90	Hg	0.002 01
	SO_4^{2-}	13.20	0.275	4.36	Pb	0.001 3
	NO_3^-	9.62	0.155	2.46	Se	<0.000 1
	NO_2^-	0.005			Li	
	合计	322.54	6.309	100.01	Sr	
分析项目 (B)		P ($CaCO_3$) (mg/L)	分析项目 (B)	P (B) (mg/L)	Cr	<0.004
					Co	
总碱度		240.87	氟化物	0.379	Ni	
总硬度		125.11	溴化物	0.158	Sb	0.000 820
暂硬度		125.11	碘化物	0.005	HPO_4^{2-}	0.465
负硬		115.75	氰化物	<0.002	可溶 SiO_2	12.21
总酸度		0	挥发性酚	<0.002	H_2SiO_3	15.87
pH 值		8.15	硼酸			
色度（°）		60	游离 CO_2	0		
浊度（NTU）		35.0	耗氧量	4.93		
臭和味		无	溶解性总固体	462.85		
肉眼可见物		无	阴离子合成洗涤剂	<0.05		

日期：2018 年 7 月水质检验报告

地点：杜蒙连环湖镇连环湖

分析项目 ($B^{z\pm}$)		P ($B^{z\pm}$) (mg/L)	C ($1/zB^{z\pm}$) (mmol/L)	X ($1/zB^{z\pm}$) (%)	分析项目 (B)	P (B) (mg/L)
阳离子	K^+	3.35	0.086	1.00	Fe^{2+}	0.16
	Na^+	135.27	5.884	68.53	Fe^{3+}	0.12
	Ca^{2+}	31.06	1.550	18.05	Mn	0.047
	Mg^{2+}	12.76	1.050	12.23	Al	0.038
	NH_4^+	0.28	0.016	0.19	Cu	<0.008
	合计	182.72	8.586	100.00	Cd	<0.002
阴离子	HCO_3^-	349.87	5.734	63.69	Zn	0.006 1
	CO_3^{2-}	39.94	1.331	14.78	As	0.003 51
	Cl^-	51.87	1.463	16.25	Hg	<0.000 05
	SO_4^{2-}	15.20	0.316	3.51	Pb	<0.001
	NO_3^-	9.83	0.159	1.77	Se	<0.000 1
	NO_2^-	0.005			Li	
	合计	466.71	9.003	100.00	Sr	
分析项目 (B)		P ($CaCO_3$) (mg/L)	分析项目 (B)	P (B) (mg/L)	Cr	<0.004
					Co	
总碱度		353.57	氟化物	0.958	Ni	
总硬度		122.61	溴化物	0.070	Sb	0.001 280
暂硬度		122.61	碘化物	0.005	HPO_4^{2-}	0.096
负硬		230.96	氰化物	<0.002	可溶 SiO_2	6.64
总酸度		0	挥发性酚	<0.002	H_2SiO_3	8.63
pH 值		8.22	硼酸			
色度（°）		40	游离 CO_2	0		
浊度（NTU）		22.0	耗氧量	9.78		
臭和味		无	溶解性总固体	657.53		
肉眼可见物		少量沉淀	阴离子合成洗涤剂	<0.05		

日期：2018 年 7 月水质检验

地点：杜蒙连环湖镇试验地地下水 100m 井水

分析项目 ($B^{z\pm}$)		P ($B^{z\pm}$) (mg/L)	C ($1/zB^{z\pm}$) (mmol/L)	X ($1/zB^{z\pm}$) (%)	分析项目 (B)	P (B) (mg/L)
阳离子	K^+	0.86	0.022	0.22	Fe^{2+}	0.04
	Na^+	52.07	2.265	22.54	Fe^{3+}	0.48
	Ca^{2+}	118.24	5.900	58.70	Mn	0.934
	Mg^{2+}	22.49	1.850	18.41	Al	<0.01
	NH_4^+	0.26	0.014	0.14	Cu	<0.008
	合计	193.92	10.051	100.01	Cd	<0.002
阴离子	HCO_3^-	537.32	8.806	83.22	Zn	0.004 5
	CO_3^{2-}	0			As	0.001 50
	Cl^-	52.75	1.488	14.06	Hg	0.000 057
	SO_4^{2-}	7.50	0.156	1.47	Pb	<0.001
	NO_3^-	7.91	0.128	1.21	Se	<0.000 1
	NO_2^-	0.120	0.003	0.03	Li	
	合计	605.60	10.581	99.99	Sr	

分析项目 (B)	P ($CaCO_3$) (mg/L)	分析项目 (B)	P (B) (mg/L)	分析项目 (B)	P (B) (mg/L)
				Cr	<0.004
				Co	
总碱度	440.70	氟化物	0.540	Ni	
总硬度	385.35	溴化物	<0.05	Sb	0.000 800
暂硬度	385.35	碘化物	0.006	HPO_4^{2-}	0.536
负硬	55.35	氰化物	<0.002	可溶 SiO_2	13.35
总酸度	16.85	挥发性酚	<0.002	H_2SiO_3	17.35
pH 值	6.86	硼酸			
色度 (°)	<5	游离 CO_2	14.81		
浊度 (NTU)	<1	耗氧量	1.37		
臭和味	无	溶解性总固体	815.40		
肉眼可见物	少许沉淀	阴离子合成洗涤剂	<0.05		

日期：2018 年 7 月水质检验

地点：杜蒙龙虎泡浅井（地下水位 30m 以上）

分析项目 ($B^{z\pm}$)		P ($B^{z\pm}$) (mg/L)	C ($1/zB^{z\pm}$) (mmol/L)	X ($1/zB^{z\pm}$) (%)	分析项目 (B)	P (B) (mg/L)
阳离子	K^+	1. 25	0. 032	0. 39	Fe^{2+}	0. 56
	Na^+	66. 69	2. 901	35. 38	Fe^{3+}	2. 08
	Ca^{2+}	76. 15	3. 800	46. 35	Mn	0. 249
	Mg^{2+}	15. 80	1. 300	15. 86	Al	<0. 01
	NH_4^+	3. 00	0. 166	2. 02	Cu	<0. 008
	合计	162. 89	8. 199	100. 00	Cd	<0. 002
阴离子	HCO_3^-	418. 64	6. 861	79. 49	Zn	0. 006 1
	CO_3^{2-}	0			As	0. 011 33
	Cl^-	50. 13	1. 414	16. 38	Hg	0. 000 108
	SO_4^{2-}	15. 00	0. 312	3. 61	Pb	<0. 001
	NO_3^-	2. 72	0. 044	0. 51	Se	<0. 000 1
	NO_2^-	<0. 004			Li	
	合计	486. 49	8. 631	99. 99	Sr	
分析项目 (B)		P ($CaCO_3$) (mg/L)	分析项目 (B)	P (B) (mg/L)	Cr	<0. 004
					Co	
总碱度		343. 36	氟化物	0. 178	Ni	
总硬度		252. 73	溴化物	<0. . 05	Sb	0. 000 640
暂硬度		252. 73	碘化物	0. 005	HPO_4^{2-}	1. 047
负硬		90. 63	氰化物	<0. 002	可溶 SiO_2	18. 04
总酸度		16. 85	挥发性酚	<0. 002	H_2SiO_3	23. 45
pH 值		6. 75	硼酸			
色度（°）		12	游离 CO_2	14. 81		
浊度（NTU）		16. 0	耗氧量	2. 59		
臭和味		无	溶解性总固体	671. 54		
肉眼可见物		少量沉淀	阴离子合成洗涤剂	<0. 05		

附件三：嫩江、松花江（过境水）与水库水质检验报告

日期：2015 年 6 月北引 拉哈渠首 前嫩江水质检验报告

地点：北引进水闸前嫩江

分析项目 ($B^{z\pm}$)		P ($B^{z\pm}$) (mg/L)	C ($1/zB^{z\pm}$) (mmol/L)	X ($1/zB^{z\pm}$) (%)	分析项目 (B)	P (B) (mg/L)
阳离子	K^+	1.48	0.038	2.37	Fe^{2+}	1.12
	Na^+	6.77	0.294	18.31	Fe^{3+}	0.24
	Ca^{2+}	20.62	1.029	64.07	Mn	0.040
	Mg^{2+}	2.98	0.245	15.26	Al	0.029
	NH_4^+	<0.02			Cu	<0.008
	合计	31.85	1.606	100.01	Cd	<0.002
阴离子	HCO_3^-	88.66	1.453	82.65	Zn	0.025 3
	CO_3^{2-}	0			As	0.000 71
	Cl^-	2.66	0.075	4.27	Hg	<0.000 05
	SO_4^{2-}	6.10	0.127	7.22	Pb	<0.001
	NO_3^-	6.21	0.100	5.69	Se	<0.000 1
	NO_2^-	0.136	0.003	0.17	Li	
	合计	103.77	1.758	100.00	Sr	
分析项目 (B)		P ($CaCO_3$) (mg/L)	分析项目 (B)	P (B) (mg/L)	Cr	<0.004
					Co	
总碱度		72.72	氟化物	<0.05	Ni	
总硬度		61.31	溴化物	0.706	Sb	<0.000 05
暂硬度		61.31	碘化物	<0.001	HPO_4^{2-}	0.057
负硬		11.41	氰化物	<0.002	可溶 SiO_2	7.31
总酸度		2.29	挥发性酚	<0.002	H_2SiO_3	9.50
pH 值		7.51	硼酸			
色度（°）		25	游离 CO_2	2.01		
浊度（NTU）		6.0	耗氧量	5.80		
臭和味		无	溶解性总固体	145.09		
肉眼可见物		有沉淀	阴离子合成洗涤剂	<0.05		

日期：2018 年 7 月水质检验报告

地点：拉哈渠首（嫩江水）

分析项目（$B^{z\pm}$）		P（$B^{z\pm}$）（mg/L）	C（1/z$B^{z\pm}$）（mmol/L）	X（1/z$B^{z\pm}$）（%）	分析项目（B）	P（B）（mg/L）
阳离子	K^+	1.82	0.047	3.39	Fe^{2+}	0.76
	Na^+	4.48	0.195	14.08	Fe^{3+}	0.08
	Ca^{2+}	16.35	0.816	58.92	Mn	0.049
	Mg^{2+}	3.72	0.306	22.09	Al	0.157
	NH_4^+	0.38	0.021	1.52	Cu	<0.008
	合计	26.75	1.385	100.00	Cd	<0.002
阴离子	HCO_3^-	61.08	1.001	66.20	Zn	0.004 1
	CO_3^{2-}	0			As	<0.000 5
	Cl^-	5.25	0.148	9.79	Hg	0.000 075
	SO_4^{2-}	6.80	0.142	9.39	Pb	<0.001
	NO_3^-	13.73	0.221	14.62	Se	<0.000 1
	NO_2^-	0.012			Li	
	合计	86.87	1.512	100.00	Sr	
分析项目（B）		P（$CaCO_3$）（mg/L）	分析项目（B）	P（B）（mg/L）	Cr	<0.004
					Co	
总碱度		50.10	氟化物	0.181	Ni	
总硬度		51.05	溴化物	0.172	Sb	<0.000 05
暂硬度		50.10	碘化物	<0.001	HPO_4^{2-}	0.258
负硬		0.95	氰化物	<0.002	可溶 SiO_2	14.70
总酸度		2.41	挥发性酚	<0.002	H_2SiO_3	19.11
pH 值		7.32	硼酸			
色度（°）		60	游离 CO_2	2.12		
浊度（NTU）		49.3	耗氧量	5.98		
臭和味		无	溶解性总固体	129.82		
肉眼可见物		少量沉淀	阴离子合成洗涤剂	<0.05		

日期：2018 年 7 月水质检验报告

地点：北引红旗泡水库

分析项目（$B^{z\pm}$）		P（$B^{z\pm}$）（mg/L）	C（$1/zB^{z\pm}$）（mmol/L）	X（$1/zB^{z\pm}$）（%）	分析项目（B）	P（B）（mg/L）
阳离子	K^+	1.69	0.043	1.28	Fe^{2+}	0.08
	Na^+	22.31	0.970	28.82	Fe^{3+}	<0.04
	Ca^{2+}	36.79	1.836	54.55	Mn	0.037
	Mg^{2+}	6.20	0.510	15.15	Al	<0.01
	NH_4^+	0.12	0.007	0.21	Cu	<0.008
	合计	67.11	3.366	100.01	Cd	<0.002
阴离子	HCO_3^-	164.01	2.688	75.25	Zn	0.004 5
	CO_3^{2-}	6.33	0.211	5.91	As	0.001 28
	Cl^-	14.00	0.395	11.06	Hg	<0.000 05
	SO_4^{2-}	11.00	0.229	6.41	Pb	<0.001
	NO_3^-	3.02	0.049	1.37	Se	<0.000 1
	NO_2^-	<0.004			Li	
	合计	198.36	3.572	100.00	Sr	
分析项目（B）		P（$CaCO_3$）（mg/L）	分析项目（B）	P（B）（mg/L）	Cr	<0.004
					Co	
总碱度		145.08	氟化物	0.162	Ni	
总硬度		114.85	溴化物	0.068	Sb	<0.000 05
暂硬度		114.85	碘化物	0.004	HPO_4^{2-}	0.017
负硬		30.23	氰化物	<0.002	可溶 SiO_2	1.48
总酸度		0	挥发性酚	<0.002	H_2SiO_3	1.93
pH 值		8.05	硼酸			
色度（°）		<5	游离 CO_2	0		
浊度（NTU）		2.7	耗氧量	3.50		
臭和味		无	溶解性总固体	267.32		
肉眼可见物		少量沉淀	阴离子合成洗涤剂	<0.05		

日期：2013 年 6 月嫩江干流中引嫩江水质检验报告
地点：嫩江干流中引

分析项目 ($B^{z\pm}$)		P ($B^{z\pm}$) (mg/L)	C ($1/zB^{z\pm}$) (mmol/L)	X ($1/zB^{z\pm}$) (%)	分析项目 (B)	P (B) (mg/L)
阳离子	K^+	2.28	0.058	4.75	Fe^{2+}	0.44
	Na^+	4.49	0.195	15.98	Fe^{3+}	0.24
	Ca^{2+}	15.03	0.750	61.48	Mn	0.080
	Mg^{2+}	2.43	0.200	16.39	Al	
	NH_4^+	0.30	0.017	1.39	Cu	
	合计	24.53	1.220	99.99	Cd	
阴离子	HCO_3^-	60.65	0.994	73.96	Zn	
	CO_3^{2-}	0			As	
	Cl^-	2.62	0.074	5.51	Hg	
	SO_4^{2-}	6.70	0.139	10.34	Pb	
	NO_3^-	8.39	0.135	10.04	Se	
	NO_2^-	0.112	0.002	0.15	Li	
	合计	78.47	1.344	100.00	Sr	
分析项目 (B)		P ($CaCO_3$) (mg/L)	分析项目 (B)	P (B) (mg/L)	Cr	
					Co	
总碱度		49.74	氟化物	<0.05	Ni	
总硬度		50.05	溴化物		Sb	
暂硬度		49.74	碘化物		HPO_4^{2-}	
负硬		0.30	氰化物		可溶 SiO_2	6.83
总酸度		2.29	挥发性酚		H_2SiO_3	8.88
pH 值		7.40	硼酸			
色度（°）			游离 CO_2	2.01		
浊度（NTU）			耗氧量			
臭和味			溶解性总固体	79.09		
肉眼可见物			阴离子合成洗涤剂			

日期：嫩江干流中引水库水质检验报告

地点：中引龙虎泡水库供水处

分析项目（$B^{z\pm}$）		P（$B^{z\pm}$）（mg/L）	C（$1/zB^{z\pm}$）（mmol/L）	X（$1/zB^{z\pm}$）（%）	分析项目（B）	P（B）（mg/L）
阳离子	K^+	3.72	0.095	1.38	Fe^{2+}	0.96
	Na^+	101.80	4.428	64.32	Fe^{3+}	<0.04
	Ca^{2+}	33.07	1.650	23.97	Mn	0.014
	Mg^{2+}	8.51	0.700	10.17	Al	0.064
	NH_4^+	0.20	0.011	0.16	Cu	<0.008
	合计	147.30	6.884	100.00	Cd	0.002 3
阴离子	HCO_3^-	281.90	4.620	64.44	Zn	0.008 0
	CO_3^{2-}	22.05	0.735	10.25	As	0.009 05
	Cl^-	45.38	1.280	17.85	Hg	<0.000 05
	SO_4^{2-}	20.00	0.416	5.80	Pb	<0.001
	NO_3^-	7.40	0.119	1.66	Se	<0.000 1
	NO_2^-	<0.004			Li	
	合计	376.73	7.170	100.00	Sr	
分析项目（B）		P（$CaCO_3$）（mg/L）	分析项目（B）	P（B）（mg/L）	Cr	<0.004
					Co	
总碱度		267.99	氟化物	0.508	Ni	
总硬度		117.61	溴化物	0.078	Sb	<0.000 05
暂硬度		117.61	碘化物	0.020	HPO_4^{2-}	0.551
负硬		150.39	氰化物	<0.002	可溶 SiO_2	7.44
总酸度		0	挥发性酚	<0.002	H_2SiO_3	9.67
pH 值		8.49	硼酸			
色度（°）		27	游离 CO_2	0		
浊度（NTU）		23.0	耗氧量	6.00		
臭和味		无	溶解性总固体	533.60		
肉眼可见物		少许沉淀	阴离子合成洗涤剂	<0.05		

日期：2014 年 6 月南部引嫩嫩江水质检验

地点：南部引嫩嫩江水

分析项目 ($B^{z\pm}$)		P ($B^{z\pm}$) (mg/L)	C ($1/zB^{z\pm}$) (mmol/L)	X ($1/zB^{z\pm}$) (%)	分析项目 (B)	P (B) (mg/L)
阳离子	K^+	1.64	0.042	1.51	Fe^{2+}	1.60
	Na^+	25.70	1.118	40.10	Fe^{3+}	0.20
	Ca^{2+}	25.05	1.250	44.84	Mn	0.176
	Mg^{2+}	4.25	0.350	12.55	Al	0.055
	NH_4^+	0.50	0.028	1.00	Cu	<0.008
	合计	57.13	2.788	100.00	Cd	<0.002
阴离子	HCO_3^-	112.15	1.838	69.57	Zn	0.005 5
	CO_3^{2-}	3.15	0.105	3.97	As	0.001 41
	Cl^-	8.01	0.226	8.55	Hg	<0.000 05
	SO_4^{2-}	14.00	0.291	11.01	Pb	<0.001
	NO_3^-	10.77	0.174	6.59	Se	<0.000 1
	NO_2^-	0.380	0.008	0.30	Li	
	合计	148.46	2.642	99.99	Sr	
分析项目 (B)		P ($CaCO_3$) (mg/L)	分析项目 (B)	P (B) (mg/L)	Cr	<0.004
					Co	
总碱度		97.24	氟化物	0.656	Ni	
总硬度		77.57	溴化物	<0.05	Sb	<0.000 05
暂硬度		77.57	碘化物	0.005	HPO_4^{2-}	0.068
负硬		19.67	氰化物	<0.002	可溶 SiO_2	10.95
总酸度		0.00	挥发性酚	<0.002	H_2SiO_3	14.24
pH 值		7.91	硼酸			
色度（°）		27	游离 CO_2	0		
浊度（NTU）		15.0	耗氧量	4.48		
臭和味		无	溶解性总固体	219.25		
肉眼可见物		泥沙沉淀	阴离子合成洗涤剂	<0.05		

日期：2014 年 7 月南引水库地面水水质检验报告

地点：南引水库太阳升西

分析项目 $(B^{z\pm})$		P $(B^{z\pm})$ (mg/L)	C $(1/zB^{z\pm})$ (mmol/L)	X $(1/zB^{z\pm})$ (%)	分析项目 (B)	P (B) (mg/L)
阳离子	K^+	3.04	0.078	1.16	Fe^{2+}	0.88
	Na^+	113.00	4.915	73.12	Fe^{3+}	0.04
	Ca^{2+}	17.03	0.850	12.65	Mn	0.141
	Mg^{2+}	10.33	0.850	12.65	Al	0.054
	NH_4^+	0.52	0.029	0.43	Cu	0.008 6
	合计	143.92	6.722	100.01	Cd	0.002 7
阴离子	HCO_3^-	288.31	4.725	67.49	Zn	0.013 0
	CO_3^{2-}	31.51	1.050	15.00	As	0.014 92
	Cl^-	16.02	0.452	6.46	Hg	<0.000 05
	SO_4^{2-}	30.00	0.625	8.93	Pb	0.0015
	NO_3^-	9.23	0.149	2.13	Se	<0.000 1
	NO_2^-	0.010		100.01	Li	
	合计	375.08	7.001		Sr	
分析项目 (B)		P $(CaCO_3)$ (mg/L)	分析项目 (B)	P (B) (mg/L)	Cr	<0.004
					Co	
总碱度		289.01	氟化物	0.191	Ni	
总硬度		80.07	溴化物	0.05	Sb	0.000 640
暂硬度		80.07	碘化物	0.060	HPO_4^{2-}	0.165
负硬		208.94	氰化物	<0.002	可溶 SiO_2	1.35
总酸度		0	挥发性酚	<0.002	H_2SiO_3	1.76
pH 值		8.83	硼酸			
色度（°）		28	游离 CO_2	0		
浊度（NTU）		26.0	耗氧量	6.85		
臭和味		无	溶解性总固体	521.83		
肉眼可见物		大量沉淀	阴离子合成洗涤剂	<0.05		

日期：2013 年 10 月黑龙江省水文地质工程地质勘查院实验室水质检验报告
地点：松花江上游段肇源中心灌区江水

分析项目（$B^{z\pm}$）		P（$B^{z\pm}$）（mg/L）	C（$1/zB^{z\pm}$）（mmol/L）	X（$1/zB^{z\pm}$）（%）	分析项目（B）	P（B）（mg/L）
阳离子	K^+	2.27	0.058	2.99	Fe^{2+}	0.40
	Na^+	11.13	0.484	24.92	Fe^{3+}	0.68
	Ca^{2+}	17.68	0.882	45.42	Mn	0.091
	Mg^{2+}	5.96	0.490	25.23	Al	<0.01
	NH_4^+	0.50	0.028	1.44	Cu	<0.008
	合计	37.54	1.942	100.00	Cd	<0.002
阴离子	HCO_3^-	73.71	1.208	60.22	Zn	0.007 8
	CO_3^{2-}	3.15	0.105	5.23	As	0.001 71
	Cl^-	8.90	0.251	12.51	Hg	0.000 401
	SO_4^{2-}	14.00	0.291	14.51	Pb	<0.001
	NO_3^-	9.25	0.149	7.43	Se	<0.000 1
	NO_2^-	0.080	0.002	0.10	Li	
	合计	109.09	2.006	100.00	Sr	
分析项目（B）		P（$CaCO_3$）（mg/L）	分析项目（B）	P（B）（mg/L）	Cr	<0.004
					Co	
总碱度		65.71	氟化物	0.438	Ni	
总硬度		68.66	溴化物	<0.05	Sb	<0.000 05
暂硬度		65.71	碘化物	0.002	HPO_4^{2-}	0.066
负硬		2.95	氰化物	<0.002	可溶 SiO_2	4.34
总酸度		0	挥发性酚	<0.002	H_2SiO_3	5.64
pH 值		8.31	硼酸			
色度（°）		45	游离 CO_2	0		
浊度（NTU）		25.0	耗氧量	6.75		
臭和味		无	溶解性总固体	152.65		
肉眼可见物		大量沉淀	阴离子合成洗涤剂	<0.05		

日期：2014 年水质检测

地点：松花江上游哈尔滨段大顶子山航电枢纽江水

分析项目 ($B^{z\pm}$)		P ($B^{z\pm}$) (mg/L)	C ($1/zB^{z\pm}$) (mmol/L)	X ($1/zB^{z\pm}$) (%)	分析项目 (B)	P (B) (mg/L)
阳离子	K^+	2.42	0.062	3.37	Fe^{2+}	
	Na^+	9.43	0.410	22.26	Fe^{3+}	
	Ca^{2+}	21.04	1.050	57.00	Mn	
	Mg^{2+}	3.65	0.300	16.29	Al	
	NH_4^+	0.36	0.020	1.09	Cu	
	合计	36.90	1.842	100.01	Cd	
阴离子	HCO_3^-	70.47	1.155	57.23	Zn	
	CO_3^{2-}	3.15	0.105	5.20	As	
	Cl^-	6.24	0.176	8.72	Hg	
	SO_4^{2-}	20.00	0.416	20.61	Pb	
	NO_3^-	10.30	0.166	8.23	Se	
	NO_2^-	<0.004			Li	
	合计	110.16	2.018	99.99	Sr	
分析项目 (B)		P ($CaCO_3$) (mg/L)	分析项目 (B)	P (B) (mg/L)	Cr	
					Co	
总碱度		63.06	氟化物		Ni	
总硬度		65.06	溴化物		Sb	
暂硬度		63.06	碘化物		HPO_4^{2-}	
负硬		2.00	氰化物		可溶 SiO_2	8.54
总酸度		0	挥发性酚		H_2SiO_3	11.11
pH 值		7.85	硼酸			
色度（°）			游离 CO_2	0		
浊度（NTU）			耗氧量			
臭和味			溶解性总固体	155.60		
肉眼可见物			阴离子合成洗涤剂			

附件四：研究区内土壤可溶盐检测资料表（2014年）

（mg/L）

地点	深度（cm）	土名	阳离子						阴离子							pH值
			K^+	Na^+	Ca^{2+}	Mg^{2+}	NH_4^+	小计	HCO_3^-	CO_3^{2-}	Cl^-	SO_4^{2-}	NO_3^-	NO_2^-	小计	
南引水库，太阳北面（19号坝）	0~20	盐碱土	39.00	536.00	159.70	36.30	8.00	779.00	1 042.20	0.00	509.10	225.00	57.51	1.40	1 835.21	8.32
	20~50	盐碱土	31.5	2 000.00	119.8	24.20	5.20	2180.70	2 993.50	249.60	884.60	700.00	153.77	120.00	5 101.47	9.7
南引水库太阳升北	0~10	沙土	3.60	19.80	179.60	18.10	0.00	224.10	480.80	26.40	26.90	110.00	74.22	1.80	720.12	8.06
	20~40	沙土	7.70	6.20	219.60	18.10	0.40	252.00	668.10	0.00	17.70	35.00	121.25	4.00	846.05	7.79
安达市气象局观测场东侧	0~30	草甸黑钙土	34.50	19.80	159.70	36.30	5.20	255.50	614.40	26.40	17.70	55.00	90.57	0.80	804.87	7.64
	30~50	草甸黑钙土	18.50	273.50	369.30	30.30	5.20	696.80	1 416.20	0.00	285.80	150.00	33.26	6.80	1 892.06	8.35
	50~100	草甸黑钙土	34.00	260.70	349.30	42.40	8.80	695.20	1 256.30	0.00	357.40	200.00	39.32	8.00	1 861.02	8.73
和平牧场（沙质）大庆大同区耕地	0~10	草甸黑钙土	5.30	171.80	179.60	18.10	2.80	377.60	774.90	0.00	26.90	350.00	90.39	0.40	142.59	8.68
	10~20	草甸黑钙土	36.50	131.40	199.60	30.30	9.60	407.40	588.20	0.00	303.80	125.00	23.16	1.80	1 041.96	7.98
	20~50	盐化草甸土	30.00	260.50	459.10	48.40	16.00	814.00	1 443.00	13.20	148.50	350.00	46.67	8.00	2 269.47	8.38

（续表）

地点	深度（cm）	土名	阳离子						阴离子								pH 值
			K^+	Na^+	Ca^{2+}	Mg^{2+}	NH_4^+	小计	HCO_3^-	CO_3^{2-}	Cl^-	SO_4^{2-}	NO_3^-	NO_2^-	小计	
	0~20	盐化草甸土	17.90	3 204.00	39.90	24.20	5.20	3 291.20	4 115.60	722.80	589.60	1 525.00	451.20	96.00	7 464.20	9.89
	20~50	盐化草甸土	44.00	3 285.00	219.60	42.40	6.80	3 597.80	1 710.30	65.70	1 992.50	3 850.00	50.71	8.00	7 677.21	9.60
和平牧场烟草地	0~10	盐化草甸黑钙土	54.50	139.50	689.60	115.00	15.60	1 023.20	1 950.70	0.00	571.90	325.00	47.04	1.61	2 896.24	8.86
	10~20	盐化草甸黑钙土	32.50	1 355.00	189.60	42.40	0.80	1 620.30	2 618.80	118.20	491.40	375.00	106.19	34.00	3743.59	10.08
肇东尚家镇红明一队（改良典型区）	0~10		27.70	1 351.00	109.80	18.10	0.00	1 506.60	2 405.30	210.30	563.00	325.00	61.43	5.90	3 570.93	10.07
尚观 1	20~50		20.00	2 940.00	89.80	18.10	0.00	3 067.90	3 714.70	183.90	687.80	1 590.00	249.62	112.00	6 898.02	10.41
	50~80		26.10	2 543.00	409.20	78.60	4.00	3 060.90	1 523.60	65.70	2 546.20	1 875.00	39.57	24.00	6 074.07	9.07
尚观 2	0~20		18.90	2 262.00	89.80	36.30	1.20	2 408.20	3 180.20	131.40	1 125.60	600.00	27.08	0.12	5 064.90	10.14
	20~50		24.40	334.00	528.90	66.60	8.00	961.90	549.80	0.00	464.40	500.00	43.47	26.00	2 583.63	8.65
	50~70		5.90	9.90	239.50	12.20	0.00	267.50	641.30	0.00	26.90	74.00	95.60	1.60	838.80	8.51
尚观 3	0~20		29.30	1 660.00	119.80	18.10	2.00	1 829.20	2 806.20	131.40	697.00	460.00	117.83	40.00	4 252.43	10.38
	20~50		2.40	29.50	199.60	24.20	0.00	255.70	721.80	0.00	44.70	60.00	35.16	0.44	863.10	8.77
	50~70		0.80	8.60	1 179.60	24.20	0.00	213.20	614.40	0.00	26.90	54.00	36.63	0.12	732.05	8.78

备注：①肇东市尚家镇红明一队改良土壤典型区始于 20 世纪 70 年代北部引嫩工程规划设计开始研究，2014 年又在原点取了土样进行土壤水溶盐含量的分析。②和平牧场东部为大庆大同区，西部靠杜尔伯族蒙古族自治县他拉海镇，基本上位于风沙区。土壤质地较轻，多为沙质土壤，保水保肥性较差。

附件五：杜尔伯特蒙古族自治县耕地地力评价（摘要）

杜尔伯特蒙古族自治县测土配方施肥项目从2005年开始至2017年8月，依据黑龙江省的要求，已完成全县的测土配方施肥项目，由于杜蒙是全省风沙土类集中分布区，也是主要的贫困县之一，但该县水资源较丰富，且风沙土虽是低产土壤，但土温高，且河滩地中轭牛轭湖较多，因此腐泥也较多，也是苏打盐渍土集中分布区，如能在小林纲的保护下，用客土的方法，结合利用区内丰富的水资源发展勤灌，多次灌溉（沙质土壤渗水保水较差的特点），是完全可以在较短的时间内脱贫并成为全省高效区。为此，将研究附件之五，供全省参考。

全县土壤总面积55 5719.27hm^2，其中耕地面积136 756.91hm^2，草原面积21 1362.00hm^2，其他用地207 600.36hm^2。

表1　杜蒙县土壤类面积与垦殖情况

土类名称	面积（hm^2）	其中耕地面积（hm^2）	垦殖率（%）
草甸土（含盐碱化）	247 556.53	65 463.45	26.44
黑钙土	64 908.47	18 673.10	28.77
风沙土	191 925.87	49 398.61	25.74
新积土	1 801.47	160.74	8.92
沼泽土	49 526.93	3 061.01	6.18
总面积	555 719.27	136 756.91	24.61

注：包括盐土4 423.93hm^2，碱土面积3 927.60hm^2，共计面积为8 351.53hm^2

表2　杜蒙县土壤养分平均含量

项目名称	有机质（g/kg）	全氮（g/kg）	碱解氮（mg/kg）	速效磷（mg/kg）	速效钾（mg/kg）
全县平均值	24.4	1.67	103	19	198
农化样（个）	911	592	911	911	911

表3　杜蒙县测土配方施肥等级与施肥单元

测土配方施肥等级	测土配方施肥单元
高产田施肥区	黑钙土施肥单元 草甸土施肥单元 草甸风沙土施肥单元 新积土、沼泽土施肥单元

（续表）

测土配方施肥等级	测土配方施肥单元
中产田施肥区	沙底黑钙土施肥单元 石灰性草甸土施肥单元 草甸风沙土施肥单元
低产田施肥区	流动性草甸土施肥单元 石灰性草甸土施肥单元 盐碱化草甸土施肥单元
水稻田施肥区	潜育草甸土施肥单元 厚层沼泽土水稻土施肥单元

注：报告中对水稻、玉米、大豆等水旱田作物提出了推荐施肥的方案

表 4　杜蒙县耕地地力评价等归入国家地力等级

地力等级	面积（hm^2）	3 年平均产量（kg/hm^2）	归入国家地力等级
一级	3 552（475）	5 955	七级
二级	3 552（923）	5 715	七级
三级	3 552（1526）	4 905	七级
四级	3 552（511）	4 005	八级
五级	3 552（117）	3 455	八级

注：括号内为本县抽取单元数

附件六：深层地下水（地下水位1 000~2 300m，出口水温40℃）检验报告

时间：2017年6月水质检测

地点：杜蒙县度假村杜热水井

分析项目 ($B^{z\pm}$)		P ($B^{z\pm}$) (mg/L)	C ($1/zB^{z\pm}$) (mmol/L)	X ($1/zB^{z\pm}$) (%)	分析项目 (B)	P (B) (mg/L)
阳离子	K^+	2.99	0.076	0.05	Fe	0.822
	Na^+	3 207.24	139.506	98.14	Mn	0.080
	Ca^{2+}	30.06	1.500	1.06	Al	<0.01
	Mg^{2+}	7.29	0.600	0.42	Cu	<0.008
	NH_4^+	8.40	0.466	0.33	Cd	0.025 0
	合计	3 255.98	142.148	100.00	Zn	0.450 0
阴离子	HCO_3^-	1 049.68	17.203	11.96	As	<0.000 5
	CO_3^{2-}	36.88	1.229	0.85	Hg	0.000 397
	Cl^-	4 440.13	125.240	87.04	Pb	0.001 3
	SO_4^{2-}	<0.50			Se	0.000 78
	NO_3^-	8.26	0.133	0.09	Li	1.227
	NO_2^-	<0.004			Sr	5.884
	F^-	1.650	0.087	0.06	Ba	4.362 0
	合计	5 536.60	143.892	100.00	V	4.362 0
分析项目 (B)		P ($CaCO_3$) (mg/L)	分析项目 (B)	P (B) (mg/L)	Ni	0.0124 1
					Co	<0.005
总碱度		922.43	HPO_4^{2-}	《0.01》	Cr	<0.004
总硬度		110.10	溴化物	13.225	Sb	<0.000 05
暂硬度		110.10	碘化物	1.200	Ag	<0.000 14
负硬		812.33	氰化物	《0.002》	可溶 SiO_2	21.34
总酸度		0	挥发性酚	《0.002》	H_2SiO_3	27.74
pH值		7.87	硼酸	18.021		
色度（°）		<5	游离 CO_2	0		
浊度（NTU）		<1	耗氧量	7.76		
臭和味		无	溶解性总固体	8 829.24		
肉眼可见物		少量沉淀	阴离子合成洗涤剂	<0.05		

日期：2018 年 6 月水质检测

地点：杜蒙县度假村杜热 6 井

分析项目 ($B^{z\pm}$)		P ($B^{z\pm}$) (mg/L)	C ($1/zB^{z\pm}$) (mmol/L)	X ($1/zB^{z\pm}$) (%)	分析项目 (B)	P (B) (mg/L)
阳离子	K^+	3.72	0.095	0.06	Fe	0.422
	Na^+	3 563.43	154.999	98.40	Mn	0.060
	Ca^{2+}	26.05	1.300	0.83	Al	<0.01
	Mg^{2+}	7.29	0.600	0.38	Cu	<0.008
	NH_4^+	9.60	0.532	0.34	Cd	0.026 0
	合计	3 610.09	157.526	100.01	Zn	0.016 6
阴离子	HCO_3^-	1 249.63	20.480	13.69	As	0.000 74
	CO_3^{2-}	0			Hg	<0.000 05
	Cl^-	4 572.02	128.960	86.19	Pb	<0.001
	SO_4^{2-}	0.50	0.010	0.01	Se	<0.000 1
	NO_3^-	8.50	0.137	0.09	Li	1.231
	NO_2^-	<0.004			Sr	5.958
	F^-	0.852	0.043	0.03	Ba	6.432 8
	合计	5 831.48	149.630	100.01	V	0.002 6
分析项目 (B)		P ($CaCO_3$) (mg/L)	分析项目 (B)	P (B) (mg/L)	Ni	0.027 92
					Co	<0.005
总碱度		1 024.92	HPO_4^{2-}	<0.01	Cr	<0.004
总硬度		100.09	溴化物	13.725	Sb	0.000 540
暂硬度		100.09	碘化物	4.500	Ag	0.000 89
负硬		924.83	氰化物	<0.002	可溶 SiO_2	21.83
总酸度		0	挥发性酚	<0.002	H_2SiO_3	28.38
pH 值		7.88	硼酸	22.712		
色度（°）		<5	游离 CO_2	0		
浊度（NTU）		<1	耗氧量	5.71		
臭和味		无	溶解性总固体	9 482.10		
肉眼可见物		少量沉淀	阴离子合成洗涤剂	<0.05		

日期：2014 年 6 月黑龙江省水文地质工程地质勘查院实验室水质检验报告
地点：林甸温泉进水

分析项目 ($B^{z\pm}$)		P ($B^{z\pm}$) (mg/L)	C ($1/zB^{z\pm}$) (mmol/L)	X ($1/zB^{z\pm}$) (%)	分析项目 (B)	P (B) (mg/L)
阳离子	K^+	2.50	0.064	0.17	Fe^{2+}	
	Na^+	879.50	38.256	99.01	Fe^{3+}	
	Ca^{2+}	5.01	0.250	0.65	Mn	
	Mg^{2+}	0	0	0.00	Al	
	NH_4^+	1.20	0.067	0.17	Cu	
	合计	888.21	38.637	100.00	Cd	
阴离子	HCO_3^-	1 233.34	20.213	49.31	Zn	
	CO_3^{2-}	94.52	3.150	7.68	As	
	Cl^-	622.91	17.570	42.86	Hg	
	SO_4^{2-}	1.10	0.023	0.06	Pb	
	NO_3^-	2.22	0.036	0.09	Se	
	NO_2^-	<0.004			Li	
	合计	1 954.09	40.992	100.00	Sr	
分析项目 (B)		P ($CaCO_3$) (mg/L)	分析项目 (B)	P (B) (mg/L)	Cr	
					Co	
总碱度		1 169.20	氟化物		Ni	
总硬度		15.01	溴化物		Sb	
暂硬度		15.01	碘化物		HPO_4^{2-}	
负硬		1 154.19	氰化物		可溶 SiO_2	13.89
总酸度		0	挥发性酚		H_2SiO_3	18.05
pH 值		8.24	硼酸			
色度（°）			游离 CO_2	0		
浊度（NTU）			耗氧量			
臭和味			溶解性总固体	2 856.19		
肉眼可见物			阴离子合成洗涤剂			

时间：2014 年 6 月水质检测

地点：林甸疗养院（温泉）

分析项目 ($B^{z\pm}$)		P ($B^{z\pm}$) (mg/L)	C ($1/zB^{z\pm}$) (mmol/L)	X ($1/zB^{z\pm}$) (%)	分析项目 (B)	P (B) (mg/L)
阳离子	K^+	2.69	0.069	0.17	Fe^{2+}	0.16
	Na^+	944.50	41.083	99.07	Fe^{3+}	<0.04
	Ca^{2+}	6.01	0.300	0.72	Mn	0.212
	Mg^{2+}	0	0	0	Al	<0.01
	NH_4^+	0.28	0.016	0.04	Cu	<0.008
	合计	953.48	41.468	100.00	Cd	0.004 7
阴离子	HCO_3^-	1 185.26	19.425	46.24	Zn	0.005 5
	CO_3^{2-}	126.02	4.200	10.00	As	0.001 66
	Cl^-	649.61	18.323	43.62	Hg	<0.000 05
	SO_4^{2-}	1.00	0.021	0.05	Pb	<0.001
	NO_3^-	2.36	0.038	0.09	Se	<0.000 1
	NO_2^-	<0.004			Li	
	合计	1 964.25	42.007	100.00	Sr	
分析项目 (B)		P ($CaCO_3$) (mg/L)	分析项目 (B)	P (B) (mg/L)	Cr	<0.004
					Co	
总碱度		1 182.31	氟化物	4.470	Ni	
总硬度		17.52	溴化物	5.950	Sb	<0.000 05
暂硬度		17.52	碘化物	0.650	HPO_4^{2-}	0.091
负硬		1 164.80	氰化物	<0.002	可溶 SiO_2	13.29
总酸度		0	挥发性酚	<0.002	H_2SiO_3	17.28
pH 值		8.23	硼酸			
色度（°）		<5	游离 CO_2	0		
浊度（NTU）		1.0	耗氧量	2.25		
臭和味		无	溶解性总固体	2 942.55		
肉眼可见物		有沉淀	阴离子合成洗涤剂	<0.05		

附件七：环境地面水情状况（2015—2018年）

2015年水质状况

年度	城市名称	断面名称	污染物	枯水期				丰水期				平水期			
				最大值	最小值	平均值	水质类别	最大值	最小值	平均值	水质类别	最大值	最小值	平均值	水质类别
2015	齐齐哈尔市	拉哈	pH值（无量纲）	7.80	7.40	7.60	Ⅰ	7.90	7.80	7.83	Ⅰ	7.70	7.40	7.55	Ⅰ
2015	齐齐哈尔市	拉哈	溶解氧（mg/L）	9.43	9.30	9.37	Ⅰ	7.43	7.12	7.23	Ⅱ	9.08	8.95	9.02	Ⅰ
2015	齐齐哈尔市	拉哈	电导率（μs/cm）	11.70	11.60	11.65	-1	11.80	11.00	11.40	-1	12.10	11.90	12.00	-1
2015	齐齐哈尔市	拉哈	五日生化需氧量（mg/L）	1.90	1.20	1.55	Ⅰ	1.40	0.60	0.93	Ⅰ	2.80	1.70	2.25	Ⅰ
2015	齐齐哈尔市	拉哈	化学需氧量（mg/L）	22.00	14.00	18.00	Ⅲ	25.00	12.00	20.33	Ⅳ	24.00	17.00	20.50	Ⅳ
2015	齐齐哈尔市	拉哈	高锰酸盐指数（mg/L）	5.00	4.70	4.85	Ⅲ	5.40	2.20	4.20	Ⅲ	4.80	4.60	4.70	Ⅲ
2015	齐齐哈尔市	拉哈	粪大肠菌群（个/L）	2 400	20	1 210	Ⅱ	1 700	20	580	Ⅱ	20	20	20	Ⅰ
2015	齐齐哈尔市	拉哈	阴离子表面活性剂（mg/L）	0.05	0.05	0.05	Ⅰ	0.05	0.05	0.05	Ⅰ	0.05	0.05	0.05	Ⅰ
2015	齐齐哈尔市	拉哈	汞（mg/L）	0.000 01	0.000 01	0.000 01	Ⅰ	0.000 01	0.000 01	0.000 01	Ⅰ	0.000 01	0.000 01	0.000 01	Ⅰ
2015	齐齐哈尔市	拉哈	镉（mg/L）	0.000 1	0.000 1	0.000 1	Ⅰ	0.000 1	0.000 1	0.000 1	Ⅰ	0.000 1	0.000 1	0.000 1	Ⅰ
2015	齐齐哈尔市	拉哈	六价铬（mg/L）	0.004	0.004	0.004	Ⅰ	0.004	0.004	0.004	Ⅰ	0.004	0.004	0.004	Ⅰ
2015	齐齐哈尔市	拉哈	砷（mg/L）	0.000 3	0.000 3	0.000 3	Ⅰ	0.000 4	0.000 3	0.000 4	Ⅰ	0.000 7	0.000 3	0.000 5	Ⅰ
2015	齐齐哈尔市	拉哈	铅（mg/L）	0.001	0.001	0.001	Ⅰ	0.001	0.001	0.001	Ⅰ	0.001	0.001	0.001	Ⅰ
2015	齐齐哈尔市	拉哈	铜（mg/L）	0.05	0.05	0.05	Ⅱ	0.05	0.05	0.05	Ⅱ	0.05	0.05	0.05	Ⅱ

（续表）

年度	城市名称	断面名称	污染物	枯水期				丰水期				平水期			
				最大值	最小值	平均值	水质类别	最大值	最小值	平均值	水质类别	最大值	最小值	平均值	水质类别
2015	齐齐哈尔市	拉哈	锌（mg/L）	0.05	0.05	0.05	Ⅰ	0.05	0.05	0.05	Ⅰ	0.05	0.05	0.05	Ⅰ
2015	齐齐哈尔市	拉哈	硒（mg/L）	0.000 5	0.000 4	0.000 45	Ⅰ	0.000 8	0.000 4	0.000 5	Ⅰ	0.000 4	0.000 4	0.000 4	Ⅰ
2015	齐齐哈尔市	拉哈	氨氮（mg/L）	0.672	0.564	0.618	Ⅲ	0.376	0.129	0.247	Ⅱ	0.248	0.158	0.203	Ⅱ
2015	齐齐哈尔市	拉哈	总磷（mg/L）	0.10	0.07	0.09	Ⅱ	0.27	0.05	0.13	Ⅲ	0.06	0.06	0.06	Ⅱ
2015	齐齐哈尔市	拉哈	氰化物（mg/L）	0.004	0.004	0.004	Ⅰ	0.004	0.004	0.004	Ⅰ	0.004	0.004	0.004	Ⅰ
2015	齐齐哈尔市	拉哈	氟化物（mg/L）	0.300	0.200	0.250	Ⅰ	0.150	0.040	0.103	Ⅰ	0.120	0.110	0.115	Ⅰ
2015	齐齐哈尔市	拉哈	硫化物（mg/L）	0.005	0.005	0.005	Ⅰ	0.005	0.005	0.005	Ⅰ	0.005	0.005	0.005	Ⅰ
2015	齐齐哈尔市	拉哈	石油类（mg/L）	0.01	0.01	0.01	Ⅰ	0.01	0.01	0.01	Ⅰ	0.01	0.01	0.01	Ⅰ
2015	齐齐哈尔市	拉哈	挥发酚（mg/L）	0.000 3	0.000 3	0.000 3	Ⅰ	0.000 3	0.000 3	0.000 3	Ⅰ	0.000 3	0.000 3	0.000 3	Ⅰ
2015	齐齐哈尔市	江桥	pH 值（无量纲）	7.70	7.20	7.50	Ⅰ	8.00	7.80	7.87	Ⅰ	8.00	7.80	7.90	Ⅰ
2015	齐齐哈尔市	江桥	溶解氧（mg/L）	9.70	9.38	9.58	Ⅰ	7.76	7.04	7.33	Ⅱ	9.08	8.98	9.03	Ⅰ
2015	齐齐哈尔市	江桥	电导率（μs/cm）	19.50	16.30	17.90	-1	17.80	13.00	15.77	-1	13.80	13.20	13.50	-1
2015	齐齐哈尔市	江桥	五日生化需氧量（mg/L）	2.40	1.80	2.10	Ⅰ	1.60	0.60	1.13	Ⅰ	2.60	2.00	2.30	Ⅰ
2015	齐齐哈尔市	江桥	化学需氧量（mg/L）	16.00	13.00	15.00	Ⅰ	34.00	15.00	21.33	Ⅳ	28.00	17.00	22.50	Ⅳ
2015	齐齐哈尔市	江桥	高锰酸盐指数（mg/L）	3.8	3.1	3.5	Ⅱ	4.8	2.4	3.6	Ⅱ	4.4	4.2	4.3	Ⅲ
2015	齐齐哈尔市	江桥	粪大肠菌群（个/L）	9 200	3 500	6 033	Ⅲ	2 400	490	1 278	Ⅱ	9 200	3 500	6 350	Ⅲ
2015	齐齐哈尔市	江桥	阴离子表面活性剂（mg/L）	0.05	0.05	0.05	Ⅰ	0.05	0.05	0.05	Ⅰ	0.05	0.05	0.05	Ⅰ
2015	齐齐哈尔市	江桥	汞（mg/L）	0.000 01	0.000 01	0.000 01	Ⅰ	0.000 01	0.000 01	0.000 01	Ⅰ	0.000 01	0.000 01	0.000 01	Ⅰ
2015	齐齐哈尔市	江桥	镉（mg/L）	0.000 1	0.000 1	0.000 1	Ⅰ	0.000 1	0.000 1	0.000 1	Ⅰ	0.000 1	0.000 1	0.000 1	Ⅰ
2015	齐齐哈尔市	江桥	六价铬（mg/L）	0.004	0.004	0.004	Ⅰ	0.004	0.004	0.004	Ⅰ	0.004	0.004	0.004	Ⅰ
2015	齐齐哈尔市	江桥	砷（mg/L）	0.000 6	0.000 3	0.000 5	Ⅰ	0.000 8	0.000 6	0.000 7	Ⅰ	0.001 0	0.000 3	0.000 7	Ⅰ

（续表）

年度	城市名称	断面名称	污染物	枯水期				丰水期				平水期			
				最大值	最小值	平均值	水质类别	最大值	最小值	平均值	水质类别	最大值	最小值	平均值	水质类别
2015	齐齐哈尔市	江桥	铅（mg/L）	0.001	0.001	0.001	Ⅰ	0.001	0.001	0.001	Ⅰ	0.001	0.001	0.001	Ⅰ
2015	齐齐哈尔市	江桥	铜（mg/L）	0.05	0.05	0.05	Ⅱ	0.05	0.05	0.05	Ⅱ	0.05	0.05	0.05	Ⅱ
2015	齐齐哈尔市	江桥	锌（mg/L）	0.05	0.05	0.05	Ⅰ	0.05	0.05	0.05	Ⅰ	0.05	0.05	0.05	Ⅰ
2015	齐齐哈尔市	江桥	硒（mg/L）	0.000 4	0.000 4	0.000 4	Ⅰ	0.000 6	0.000 4	0.000 5	Ⅰ	0.000 4	0.000 4	0.000 4	Ⅰ
2015	齐齐哈尔市	江桥	氨氮（mg/L）	0.926	0.806	0.847	Ⅲ	0.492	0.076	0.219	Ⅱ	0.267	0.138	0.203	Ⅱ
2015	齐齐哈尔市	江桥	总磷（mg/L）	0.11	0.03	0.07	Ⅱ	0.10	0.09	0.10	Ⅱ	0.10	0.08	0.09	Ⅱ
2015	齐齐哈尔市	江桥	氰化物（mg/L）	0.004	0.004	0.004	Ⅰ	0.004	0.004	0.004	Ⅰ	0.004	0.004	0.004	Ⅰ
2015	齐齐哈尔市	江桥	氟化物（mg/L）	0.42	0.20	0.28	Ⅰ	0.20	0.12	0.16	Ⅰ	0.28	0.08	0.18	Ⅰ
2015	齐齐哈尔市	江桥	硫化物（mg/L）	0.005	0.005	0.005	Ⅰ	0.005	0.005	0.005	Ⅰ	0.005	0.005	0.005	Ⅰ
2015	齐齐哈尔市	江桥	石油类（mg/L）	0.01	0.01	0.01	Ⅰ	0.01	0.01	0.01	Ⅰ	0.01	0.01	0.01	Ⅰ
2015	齐齐哈尔市	江桥	挥发酚（mg/L）	0.000 3	0.000 3	0.000 3	Ⅰ	0.000 3	0.000 3	0.000 3	Ⅰ	0.000 3	0.000 3	0.000 3	Ⅰ
2015	大庆市	嫩江口内	pH 值（无量纲）	7.42	6.87	7.15	Ⅰ	7.71	7.35	7.58	Ⅰ	8.00	7.43	7.72	Ⅰ
2015	大庆市	嫩江口内	溶解氧（mg/L）	11.4	9.1	10.3	Ⅰ	7.5	6.8	7.2	Ⅱ	10.5	10.5	10.5	Ⅰ
2015	大庆市	嫩江口内	电导率（μs/cm）	38.0	19.1	28.6	-1	16.1	9.8	13.4	-1	62.4	57.4	59.9	-1
2015	大庆市	嫩江口内	五日生化需氧量（mg/L）	3.70	2.40	3.05	Ⅲ	3.40	2.40	2.90	Ⅰ	4.80	3.70	4.25	Ⅳ
2015	大庆市	嫩江口内	化学需氧量（mg/L）	23.00	20.00	21.50	Ⅳ	18.20	17.00	17.73	Ⅲ	21.00	16.30	18.65	Ⅲ
2015	大庆市	嫩江口内	高锰酸盐指数（mg/L）	6.30	5.60	5.95	Ⅲ	7.10	5.00	5.867	Ⅲ	7.00	6.90	6.95	Ⅳ
2015	大庆市	嫩江口内	粪大肠菌群（个/L）	2 300	1 800	2 050	Ⅲ	3 900	1 700	2 633	Ⅲ	2 500	700	1 600	Ⅱ
2015	大庆市	嫩江口内	阴离子表面活性剂（mg/L）	0.07	0.07	0.07	Ⅰ	0.05	0.05	0.05	Ⅰ	0.05	0.05	0.05	Ⅰ
2015	大庆市	嫩江口内	汞（mg/L）	0.000 04	0.000 04	0.000 04	Ⅰ	0.000 04	0.000 04	0.000 04	Ⅰ	0.000 04	0.000 04	0.000 04	Ⅰ
2015	大庆市	嫩江口内	镉（mg/L）	0.000 1	0.000 1	0.000 1	Ⅰ	0.000 1	0.000 1	0.000 1	Ⅰ	0.000 1	0.000 1	0.000 1	Ⅰ

（续表）

年度	城市名称	断面名称	污染物	枯水期				丰水期				平水期			
				最大值	最小值	平均值	水质类别	最大值	最小值	平均值	水质类别	最大值	最小值	平均值	水质类别
2015	大庆市	嫩江口内	六价铬（mg/L）	0.004	0.004	0.004	Ⅰ	0.004	0.004	0.004	Ⅰ	0.004	0.004	0.004	Ⅰ
2015	大庆市	嫩江口内	砷（mg/L）	0.005 5	0.000 3	0.002 9	Ⅰ	0.003 3	0.001	0.001 8	Ⅰ	0.001 3	0.000 3	0.000 8	Ⅰ
2015	大庆市	嫩江口内	铅（mg/L）	0.001	0.001	0.001	Ⅰ	0.001	0.001	0.001	Ⅰ	0.001	0.001	0.001	Ⅰ
2015	大庆市	嫩江口内	铜（mg/L）	0.001	0.001	0.001	Ⅰ	0.001	0.001	0.001	Ⅰ	0.001	0.001	0.001	Ⅰ
2015	大庆市	嫩江口内	锌（mg/L）	0.05	0.05	0.05	Ⅰ	0.05	0.05	0.05	Ⅰ	0.05	0.05	0.05	Ⅰ
2015	大庆市	嫩江口内	硒（mg/L）	0.000 4	0.000 4	0.000 4	Ⅰ	0.000 4	0.000 4	0.000 4	Ⅰ	0.000 4	0.000 4	0.000 4	Ⅰ
2015	大庆市	嫩江口内	氨氮（mg/L）	0.817	0.420	0.619	Ⅲ	0.155	0.027	0.104	Ⅰ	0.112	0.109	0.111	Ⅰ
2015	大庆市	嫩江口内	总磷（mg/L）	0.138	0.107	0.123	Ⅲ	0.199	0.161	0.177	Ⅲ	0.190	0.187	0.189	Ⅲ
2015	大庆市	嫩江口内	氰化物（mg/L）	0.004	0.004	0.004	Ⅰ	0.004	0.004	0.004	Ⅰ	0.004	0.004	0.004	Ⅰ
2015	大庆市	嫩江口内	氟化物（mg/L）	0.540	0.470	0.505	Ⅰ	0.360	0.290	0.327	Ⅰ	0.260	0.230	0.245	Ⅰ
2015	大庆市	嫩江口内	硫化物（mg/L）	0.005	0.005	0.005	Ⅰ	0.005	0.005	0.005	Ⅰ	0.005	0.005	0.005	Ⅰ
2015	大庆市	嫩江口内	石油类（mg/L）	0.04	0.04	0.04	Ⅰ	0.04	0.04	0.04	Ⅰ	0.04	0.04	0.04	Ⅰ
2015	大庆市	嫩江口内	挥发酚（mg/L）	0.000 3	0.000 3	0.000 3	Ⅰ	0.000 4	0.000 3	0.000 3	Ⅰ	0.001 1	0.000 3	0.000 7	Ⅰ
2015	哈尔滨市	朱顺屯	pH 值（无量纲）	7.90	7.60	7.75	Ⅰ	8.18	7.92	8.01	Ⅰ	8.40	7.75	8.08	Ⅰ
2015	哈尔滨市	朱顺屯	溶解氧（mg/L）	9.07	9.04	9.06	Ⅰ	8.30	7.20	7.66	Ⅰ	8.98	7.40	8.19	Ⅰ
2015	哈尔滨市	朱顺屯	电导率（μs/cm）	32.00	28.20	30.10	-1	25.20	21.70	23.07	-1	79.00	24.50	51.75	-1
2015	哈尔滨市	朱顺屯	五日生化需氧量（mg/L）	2.87	2.65	2.76	Ⅰ	3.00	2.72	2.82	Ⅰ	2.80	2.63	2.72	Ⅰ
2015	哈尔滨市	朱顺屯	化学需氧量（mg/L）	18.10	15.20	16.65	Ⅲ	19.20	16.60	18.07	Ⅲ	18.30	17.10	17.70	Ⅲ
2015	哈尔滨市	朱顺屯	高锰酸盐指数（mg/L）	4.91	4.88	4.90	Ⅲ	5.12	4.63	4.94	Ⅲ	5.89	5.76	5.83	Ⅲ
2015	哈尔滨市	朱顺屯	粪大肠菌群（个/L）	5 400	5 400	5 400	Ⅲ	4 800	3 500	3 933	Ⅲ	3 500	3 300	3 400	Ⅲ
2015	哈尔滨市	朱顺屯	阴离子表面活性剂（mg/L）	0.05	0.05	0.05	Ⅰ	0.05	0.05	0.05	Ⅰ	0.05	0.05	0.05	Ⅰ

（续表）

年度	城市名称	断面名称	污染物	枯水期				丰水期				平水期			
				最大值	最小值	平均值	水质类别	最大值	最小值	平均值	水质类别	最大值	最小值	平均值	水质类别
2015	哈尔滨市	朱顺屯	汞（mg/L）	0.000 01	0.000 01	0.000 01	Ⅰ	0.000 01	0.000 01	0.000 01	Ⅰ	0.000 01	0.000 01	0.000 01	Ⅰ
2015	哈尔滨市	朱顺屯	镉（mg/L）	0.000 1	0.000 1	0.000 1	Ⅰ	0.000 1	0.000 1	0.000 1	Ⅰ	0.000 1	0.000 1	0.000 1	Ⅰ
2015	哈尔滨市	朱顺屯	六价铬（mg/L）	0.004	0.004	0.004	Ⅰ	0.004	0.004	0.004	Ⅰ	0.004	0.004	0.004	Ⅰ
2015	哈尔滨市	朱顺屯	砷（mg/L）	0.000 1	0.000 1	0.000 1	Ⅰ	0.000 1	0.000 1	0.000 1	Ⅰ	0.000 1	0.000 1	0.000 1	Ⅰ
2015	哈尔滨市	朱顺屯	铅（mg/L）	0.001	0.001	0.001	Ⅰ	0.001	0.001	0.001	Ⅰ	0.001	0.001	0.001	Ⅰ
2015	哈尔滨市	朱顺屯	铜（mg/L）	0.001	0.001	0.001	Ⅰ	0.001	0.001	0.001	Ⅰ	0.001	0.001	0.001	Ⅰ
2015	哈尔滨市	朱顺屯	锌（mg/L）	0.02	0.02	0.02	Ⅰ	0.02	0.02	0.02	Ⅰ	0.02	0.02	0.02	Ⅰ
2015	哈尔滨市	朱顺屯	硒（mg/L）	0.000 1	0.000 1	0.000 1	Ⅰ	0.000 1	0.000 1	0.000 1	Ⅰ	0.000 1	0.000 1	0.000 1	Ⅰ
2015	哈尔滨市	朱顺屯	氨氮（mg/L）	1.110	0.814	0.962	Ⅲ	0.546	0.345	0.450	Ⅱ	0.426	0.381	0.404	Ⅱ
2015	哈尔滨市	朱顺屯	总磷（mg/L）	0.07	0.06	0.07	Ⅱ	0.14	0.10	0.12	Ⅲ	0.15	0.12	0.14	Ⅲ
2015	哈尔滨市	朱顺屯	氰化物（mg/L）	0.002	0.002	0.002	Ⅰ	0.002	0.002	0.002	Ⅰ	0.002	0.002	0.002	Ⅰ
2015	哈尔滨市	朱顺屯	氟化物（mg/L）	0.275	0.273	0.274	Ⅰ	0.279	0.278	0.279	Ⅰ	0.288	0.273	0.281	Ⅰ
2015	哈尔滨市	朱顺屯	硫化物（mg/L）	0.005	0.005	0.005	Ⅰ	0.005	0.005	0.005	Ⅰ	0.005	0.005	0.005	Ⅰ
2015	哈尔滨市	朱顺屯	石油类（mg/L）	0.04	0.04	0.04	Ⅰ	0.04	0.03	0.04	Ⅰ	0.04	0.04	0.04	Ⅰ
2015	哈尔滨市	朱顺屯	挥发酚（mg/L）	0.000 43	0.000 43	0.000 43	Ⅰ	0.001 60	0.000 43	0.000 82	Ⅰ	0.000 43	0.000 43	0.000 43	Ⅰ
2015	哈尔滨市	呼兰河口内	pH值（无量纲）	7.27	7.24	7.26	Ⅰ	8.22	7.84	8.01	Ⅰ	8.12	7.88	8.00	Ⅰ
2015	哈尔滨市	呼兰河口内	溶解氧（mg/L）	8.94	8.45	8.70	Ⅰ	7.92	6.25	7.16	Ⅱ	8.04	7.28	7.66	Ⅰ
2015	哈尔滨市	呼兰河口内	电导率（μs/cm）	45.20	39.70	42.45	-1	28.20	22.80	25.87	-1	36.40	29.80	33.10	-1
2015	哈尔滨市	呼兰河口内	五日生化需氧量（mg/L）	3.47	3.25	3.36	Ⅲ	3.99	3.45	3.65	Ⅲ	4.67	3.58	4.13	Ⅳ
2015	哈尔滨市	呼兰河口内	化学需氧量（mg/L）	19.50	17.40	18.45	Ⅲ	26.20	15.80	22.17	Ⅳ	25.90	21.80	23.85	Ⅳ
2015	哈尔滨市	呼兰河口内	高锰酸盐指数（mg/L）	5.98	5.68	5.83	Ⅲ	7.55	6.13	6.72	Ⅳ	7.68	5.91	6.80	Ⅳ

（续表）

年度	城市名称	断面名称	污染物	枯水期				丰水期				平水期			
				最大值	最小值	平均值	水质类别	最大值	最小值	平均值	水质类别	最大值	最小值	平均值	水质类别
2015	哈尔滨市	呼兰河口内	粪大肠菌群（个/L）	24 000	24 000	24 000	Ⅴ	9 200	9 200	9 200	Ⅲ	9 200	9 200	9 200	Ⅲ
2015	哈尔滨市	呼兰河口内	阴离子表面活性剂（mg/L）	0.05	0.05	0.05	Ⅰ	0.05	0.05	0.05	Ⅰ	0.05	0.05	0.05	Ⅰ
2015	哈尔滨市	呼兰河口内	汞（mg/L）	0.000 01	0.000 01	0.000 01	Ⅰ	0.000 01	0.000 01	0.000 01	Ⅰ	0.000 01	0.000 01	0.000 01	Ⅰ
2015	哈尔滨市	呼兰河口内	镉（mg/L）	0.000 1	0.000 1	0.000 1	Ⅰ	0.000 1	0.000 1	0.000 1	Ⅰ	0.000 1	0.000 1	0.000 1	Ⅰ
2015	哈尔滨市	呼兰河口内	六价铬（mg/L）	0.004	0.004	0.004	Ⅰ	0.004	0.004	0.004	Ⅰ	0.004	0.004	0.004	Ⅰ
2015	哈尔滨市	呼兰河口内	砷（mg/L）	0.000 1	0.000 1	0.000 1	Ⅰ	0.000 1	0.000 1	0.000 1	Ⅰ	0.000 1	0.000 1	0.000 1	Ⅰ
2015	哈尔滨市	呼兰河口内	铅（mg/L）	0.001	0.001	0.001	Ⅰ	0.001	0.001	0.001	Ⅰ	0.001	0.001	0.001	Ⅰ
2015	哈尔滨市	呼兰河口内	铜（mg/L）	0.001	0.001	0.001	Ⅰ	0.001	0.001	0.001	Ⅰ	0.001	0.001	0.001	Ⅰ
2015	哈尔滨市	呼兰河口内	锌（mg/L）	0.02	0.02	0.02	Ⅰ	0.02	0.02	0.02	Ⅰ	0.02	0.02	0.02	Ⅰ
2015	哈尔滨市	呼兰河口内	硒（mg/L）	0.000 1	0.000 1	0.000 1	Ⅰ	0.000 1	0.000 1	0.000 1	Ⅰ	0.000 1	0.000 1	0.000 1	Ⅰ
2015	哈尔滨市	呼兰河口内	氨氮（mg/L）	2.55	2.48	2.515	劣Ⅴ	1.22	0.63	0.84	Ⅲ	1.23	0.63	0.93	Ⅲ
2015	哈尔滨市	呼兰河口内	总磷（mg/L）	0.57	0.49	0.53	劣Ⅴ	0.18	0.16	0.17	Ⅲ	0.14	0.13	0.14	Ⅲ
2015	哈尔滨市	呼兰河口内	氰化物（mg/L）	0.002	0.002	0.002	Ⅰ	0.002	0.002	0.002	Ⅰ	0.002	0.002	0.002	Ⅰ
2015	哈尔滨市	呼兰河口内	氟化物（mg/L）	0.322	0.313	0.318	Ⅰ	0.392	0.385	0.388	Ⅰ	0.436	0.397	0.417	Ⅰ
2015	哈尔滨市	呼兰河口内	硫化物（mg/L）	0.005	0.005	0.005	Ⅰ	0.009	0.005	0.007	Ⅰ	0.009	0.009	0.009	Ⅰ
Ⅳ 2015	哈尔滨市	呼兰河口内	石油类（mg/L）		0.12	0.11	0.115	Ⅳ	0.06	0.05	0.053	Ⅳ	0.06	0.05	0.055
2015	哈尔滨市	呼兰河口内	挥发酚（mg/L）	0.000 43	0.000 43	0.000 43	Ⅰ	0.004 1	0.001 8	0.003	Ⅲ	0.004 1	0.004 1	0.004 1	Ⅲ
2015	哈尔滨市	呼兰河口下	pH值（无量纲）	7.72	7.59	7.66	Ⅰ	8.15	8.02	8.08	Ⅰ	8.03	7.76	7.90	Ⅰ
2015	哈尔滨市	呼兰河口下	溶解氧（mg/L）	8.92	8.91	8.92	Ⅰ	8.08	7.13	7.48	Ⅱ	8.57	7.27	7.92	Ⅰ
2015	哈尔滨市	呼兰河口下	电导率（μs/cm）	-1	-1	-1	-1	-1	-1	-1	-1	-1	-1	-1	-1
2015	哈尔滨市	呼兰河口下	五日生化需氧量（mg/L）	2.8	2.73	2.765	Ⅰ	3.29	2.89	3.14	Ⅲ	3.41	2.66	3.04	Ⅲ

（续表）

年度	城市名称	断面名称	污染物	枯水期				丰水期				平水期			
				最大值	最小值	平均值	水质类别	最大值	最小值	平均值	水质类别	最大值	最小值	平均值	水质类别
2015	哈尔滨市	呼兰河口下	化学需氧量（mg/L）	18.80	16.70	17.75	Ⅲ	25.00	19.70	22.27	Ⅳ	19.40	17.60	18.50	Ⅲ
2015	哈尔滨市	呼兰河口下	高锰酸盐指数（mg/L）	5.10	5.07	5.09	Ⅲ	5.66	5.17	5.48	Ⅲ	6.00	5.78	5.89	Ⅲ
2015	哈尔滨市	呼兰河口下	粪大肠菌群（个/L）	13 000	11 000	12 000	Ⅳ	7 900	5 400	6 233	Ⅲ	8 000	6 700	7 350	Ⅲ
2015	哈尔滨市	呼兰河口下	阴离子表面活性剂（mg/L）	0.05	0.05	0.05	Ⅰ	0.05	0.05	0.05	Ⅰ	0.05	0.05	0.05	Ⅰ
2015	哈尔滨市	呼兰河口下	汞（mg/L）	0.000 01	0.000 01	0.000 01	Ⅰ	0.000 01	0.000 01	0.000 01	Ⅰ	0.000 01	0.000 01	0.000 01	Ⅰ
2015	哈尔滨市	呼兰河口下	镉（mg/L）	0.000 1	0.000 1	0.000 1	Ⅰ	0.000 1	0.000 1	0.000 1	Ⅰ	0.000 1	0.000 1	0.000 1	Ⅰ
2015	哈尔滨市	呼兰河口下	六价铬（mg/L）	0.004	0.004	0.004	Ⅰ	0.004	0.004	0.004	Ⅰ	0.004	0.004	0.004	Ⅰ
2015	哈尔滨市	呼兰河口下	砷（mg/L）	0.000 1	0.000 1	0.000 1	Ⅰ	0.000 1	0.000 1	0.000 1	Ⅰ	0.000 1	0.000 1	0.000 1	Ⅰ
2015	哈尔滨市	呼兰河口下	铅（mg/L）	0.001	0.001	0.001	Ⅰ	0.001	0.001	0.001	Ⅰ	0.001	0.001	0.001	Ⅰ
2015	哈尔滨市	呼兰河口下	铜（mg/L）	0.001	0.001	0.001	Ⅰ	0.001	0.001	0.001	Ⅰ	0.001	0.001	0.001	Ⅰ
2015	哈尔滨市	呼兰河口下	锌（mg/L）	0.02	0.02	0.02	Ⅰ	0.02	0.02	0.02	Ⅰ	0.02	0.02	0.02	Ⅰ
2015	哈尔滨市	呼兰河口下	硒（mg/L）	0.000 1	0.000 1	0.000 1	Ⅰ	0.000 1	0.000 1	0.000 1	Ⅰ	0.000 1	0.000 1	0.000 1	Ⅰ
2015	哈尔滨市	呼兰河口下	氨氮（mg/L）	1.310	1.090	1.200	Ⅳ	0.449	0.193	0.337	Ⅱ	0.699	0.632	0.666	Ⅲ
2015	哈尔滨市	呼兰河口下	总磷（mg/L）	0.110	0.100	0.105	Ⅲ	0.160	0.120	0.140	Ⅲ	0.150	0.140	0.145	Ⅲ
2015	哈尔滨市	呼兰河口下	氰化物（mg/L）	0.002	0.002	0.002	Ⅰ	0.002	0.002	0.002	Ⅰ	0.002	0.002	0.002	Ⅰ
2015	哈尔滨市	呼兰河口下	氟化物（mg/L）	0.272	0.258	0.265	Ⅰ	0.285	0.265	0.274	Ⅰ	0.274	0.263	0.269	Ⅰ
2015	哈尔滨市	呼兰河口下	硫化物（mg/L）	0.005	0.005	0.005	Ⅰ	0.005	0.005	0.005	Ⅰ	0.005	0.005	0.005	Ⅰ
Ⅰ 2015	哈尔滨市	呼兰河口下	石油类（mg/L）		0.05	0.04	0.045	Ⅰ	0.05	0.05	0.05	Ⅰ	0.05	0.04	0.045
2015	哈尔滨市	呼兰河口下	挥发酚（mg/L）	0.000 43	0.000 43	0.000 43	Ⅰ	0.000 43	0.000 43	0.000 43	Ⅰ	0.000 43	0.000 43	0.000 43	Ⅰ
2015	哈尔滨市	大顶子山	pH 值（无量纲）	8.15	7.49	7.82	Ⅰ	8.2	8.11	8.16	Ⅰ	8.12	7.63	7.88	Ⅰ
2015	哈尔滨市	大顶子山	溶解氧（mg/L）	9.18	9.17	9.18	Ⅰ	7.96	7.06	7.445	Ⅱ	9.20	7.41	8.36	Ⅰ

（续表）

年度	城市名称	断面名称	污染物	枯水期				丰水期				平水期			
				最大值	最小值	平均值	水质类别	最大值	最小值	平均值	水质类别	最大值	最小值	平均值	水质类别
2015	哈尔滨市	大顶子山	电导率（μs/cm）	35.50	24.40	29.95	-1	33.60	21.80	25.97	-1	40.50	23.80	29.83	-1
2015	哈尔滨市	大顶子山	五日生化需氧量（mg/L）	2.80	2.60	2.70	Ⅰ	2.76	2.49	2.63	Ⅰ	2.75	2.61	2.67	Ⅰ
2015	哈尔滨市	大顶子山	化学需氧量（mg/L）	19.50	15.20	17.35	Ⅲ	19.80	18.80	19.17	Ⅲ	19.20	15.30	17.33	Ⅲ
2015	哈尔滨市	大顶子山	高锰酸盐指数（mg/L）	4.99	4.89	4.94	Ⅲ	5.99	4.86	5.387	Ⅲ	5.51	5.21	5.37	Ⅲ
2015	哈尔滨市	大顶子山	粪大肠菌群（个/L）	7 900	6 700	7 300	Ⅲ	3 900	3 500	3 633	Ⅲ	3 500	3 300	3 433	Ⅲ
2015	哈尔滨市	大顶子山	阴离子表面活性剂（mg/L）	0.05	0.05	0.05	Ⅰ	0.05	0.05	0.05	Ⅰ	0.05	0.05	0.05	Ⅰ
2015	哈尔滨市	大顶子山	汞（mg/L）	0.000 01	0.000 01	0.000 01	Ⅰ	0.000 01	0.000 01	0.000 01	Ⅰ	0.000 01	0.000 01	0.000 01	Ⅰ
2015	哈尔滨市	大顶子山	镉（mg/L）	0.000 1	0.000 1	0.000 1	Ⅰ	0.000 1	0.000 1	0.000 1	Ⅰ	0.000 1	0.000 1	0.000 1	Ⅰ
2015	哈尔滨市	大顶子山	六价铬（mg/L）	0.004	0.004	0.004	Ⅰ	0.004	0.004	0.004	Ⅰ	0.004	0.004	0.004	Ⅰ
2015	哈尔滨市	大顶子山	砷（mg/L）	0.000 1	0.000 1	0.000 1	Ⅰ	0.000 1	0.000 1	0.000 1	Ⅰ	0.000 1	0.000 1	0.000 1	Ⅰ
2015	哈尔滨市	大顶子山	铅（mg/L）	0.001	0.001	0.001	Ⅰ	0.001	0.001	0.001	Ⅰ	0.001	0.001	0.001	Ⅰ
2015	哈尔滨市	大顶子山	铜（mg/L）	0.001	0.001	0.001	Ⅰ	0.001	0.001	0.001	Ⅰ	0.001	0.001	0.001	Ⅰ
2015	哈尔滨市	大顶子山	锌（mg/L）	0.02	0.02	0.02	Ⅰ	0.02	0.02	0.02	Ⅰ	0.02	0.02	0.02	Ⅰ
2015	哈尔滨市	大顶子山	硒（mg/L）	0.000 1	0.000 1	0.000 1	Ⅰ	0.000 1	0.000 1	0.000 1	Ⅰ	0.000 1	0.000 1	0.000 1	Ⅰ
2015	哈尔滨市	大顶子山	氨氮（mg/L）	1.460	0.778	1.119	Ⅳ	0.891	0.272	0.576	Ⅲ	0.844	0.335	0.562	Ⅲ
2015	哈尔滨市	大顶子山	总磷（mg/L）	0.10	0.08	0.09	Ⅱ	0.15	0.10	0.123	Ⅲ	0.12	0.09	0.107	Ⅲ
2015	哈尔滨市	大顶子山	氰化物（mg/L）	0.002	0.002	0.002	Ⅰ	0.002	0.002	0.002	Ⅰ	0.002	0.002	0.002	Ⅰ
2015	哈尔滨市	大顶子山	氟化物（mg/L）	0.264	0.262	0.263	Ⅰ	0.289	0.250	0.271	Ⅰ	0.271	0.244	0.260	Ⅰ
2015	哈尔滨市	大顶子山	硫化物（mg/L）	0.005	0.005	0.005	Ⅰ	0.005	0.005	0.005	Ⅰ	0.005	0.005	0.005	Ⅰ
Ⅰ 2015	哈尔滨市	大顶子山	石油类（mg/L）		0.050	0.040	0.045	Ⅰ	0.050	0.050	0.050	Ⅰ	0.050	0.050	0.050
2015	哈尔滨市	大顶子山	挥发酚（mg/L）	0.000 43	0.000 43	0.000 43	Ⅰ	0.000 43	0.000 43	0.000 43	Ⅰ	0.000 43	0.000 43	0.000 43	Ⅰ

2016 年水质状况

年度	城市名称	断面名称	污染物	枯水期				丰水期				平水期			
				最大值	最小值	平均值	水质类别	最大值	最小值	平均值	水质类别	最大值	最小值	平均值	水质类别
2016	齐齐哈尔市	拉哈	pH 值（无量纲）	7.80	7.60	7.70	Ⅰ	8.00	7.80	7.93	Ⅰ	8.20	8.00	8.10	Ⅰ
2016	齐齐哈尔市	拉哈	溶解氧（mg/L）	9.28	9.26	9.27	Ⅰ	7.56	7.05	7.24	Ⅱ	8.97	8.82	8.90	Ⅰ
2016	齐齐哈尔市	拉哈	电导率（μs/cm）	14.2	10.6	12.4	-1	13.0	7.0	10.8	-1	12.4	11.8	12.1	-1
2016	齐齐哈尔市	拉哈	五日生化需氧量（mg/L）	1.4	1.4	1.4	Ⅰ	1.1	0.8	1.0	Ⅰ	2.2	0.8	1.5	Ⅰ
2016	齐齐哈尔市	拉哈	化学需氧量（mg/L）	15.0	15.0	15.0	Ⅰ	18.0	12.0	15.7	Ⅲ	18.0	16.0	17.0	Ⅲ
2016	齐齐哈尔市	拉哈	高锰酸盐指数（mg/L）	4.60	4.60	4.60	Ⅲ	5.40	4.40	4.73	Ⅲ	4.90	4.80	4.85	Ⅲ
2016	齐齐哈尔市	拉哈	粪大肠菌群（个/L）	20	20	20	Ⅰ	9 200	20	3 080	Ⅲ	900	20	460	Ⅱ
2016	齐齐哈尔市	拉哈	阴离子表面活性剂（mg/L）	0.05	0.05	0.05	Ⅰ	0.05	0.05	0.05	Ⅰ	0.05	0.05	0.05	Ⅰ
2016	齐齐哈尔市	拉哈	汞（mg/L）	0.000 01	0.000 01	0.000 01	Ⅰ	0.000 02	0.000 01	0.000 013 333 3	Ⅰ	0.000 02	0.000 01	0.000 015	Ⅰ
2016	齐齐哈尔市	拉哈	镉（mg/L）	0.000 1	0.000 1	0.000 1	Ⅰ	0.000 1	0.000 1	0.000 1	Ⅰ	0.000 1	0.000 1	0.000 1	Ⅰ
2016	齐齐哈尔市	拉哈	六价铬（mg/L）	0.004	0.004	0.004	Ⅰ	0.004	0.004	0.004	Ⅰ	0.004	0.004	0.004	Ⅰ
2016	齐齐哈尔市	拉哈	砷（mg/L）	0.000 6	0.000 5	0.000 55	Ⅰ	0.001 2	0.000 6	0.000 866 667	Ⅰ	0.000 7	0.000 6	0.000 65	Ⅰ
2016	齐齐哈尔市	拉哈	铅（mg/L）	0.001	0.001	0.001	Ⅰ	0.001	0.001	0.001	Ⅰ	0.001	0.001	0.001	Ⅰ
2016	齐齐哈尔市	拉哈	铜（mg/L）	0.05	0.05	0.05	Ⅱ	0.05	0.05	0.05	Ⅱ	0.05	0.05	0.05	Ⅱ
2016	齐齐哈尔市	拉哈	锌（mg/L）	0.05	0.05	0.05	Ⅰ	0.05	0.05	0.05	Ⅰ	0.05	0.05	0.05	Ⅰ
2016	齐齐哈尔市	拉哈	硒（mg/L）	0.000 4	0.000 4	0.000 4	Ⅰ	0.000 4	0.000 4	0.000 4	Ⅰ	0.000 4	0.000 4	0.000 4	Ⅰ
2016	齐齐哈尔市	拉哈	氨氮（mg/L）	0.314	0.074	0.194	Ⅱ	0.266	0.146	0.221	Ⅱ	0.285	0.282	0.284	Ⅱ
2016	齐齐哈尔市	拉哈	总磷（mg/L）	0.100	0.050	0.075	Ⅱ	0.160	0.040	0.113	Ⅲ	0.040	0.040	0.040	Ⅱ
2016	齐齐哈尔市	拉哈	氰化物（mg/L）	0.004	0.004	0.004	Ⅰ	0.004	0.004	0.004	Ⅰ	0.004	0.004	0.004	Ⅰ
2016	齐齐哈尔市	拉哈	氟化物（mg/L）	0.200	0.170	0.185	Ⅰ	0.350	0.190	0.280	Ⅰ	0.120	0.10	0.110	Ⅰ
2016	齐齐哈尔市	拉哈	硫化物（mg/L）	0.005	0.005	0.005	Ⅰ	0.005	0.005	0.005	Ⅰ	0.005	0.005	0.005	Ⅰ

（续表）

年度	城市名称	断面名称	污染物	枯水期				丰水期				平水期			
				最大值	最小值	平均值	水质类别	最大值	最小值	平均值	水质类别	最大值	最小值	平均值	水质类别
Ⅰ 2016	齐齐哈尔市	拉哈	石油类（mg/L）		0.01	0.01	0.01	Ⅰ	0.01	0.01	0.01	Ⅰ	0.01	0.01	0.01
2016	齐齐哈尔市	拉哈	挥发酚（mg/L）	0.000 3	0.000 3	0.000 3	Ⅰ	0.000 3	0.000 3	0.000 3	Ⅰ	0.000 3	0.000 3	0.000 3	Ⅰ
2016	齐齐哈尔市	江桥	pH 值（无量纲）	7.70	7.60	7.65	Ⅰ	8.00	7.90	7.97	Ⅰ	8.20	7.90	8.05	Ⅰ
2016	齐齐哈尔市	江桥	溶解氧（mg/L）	9.260	9.090	9.175	Ⅰ	8.420	6.790	7.550	Ⅰ	8.940	8.850	8.895	Ⅰ
2016	齐齐哈尔市	江桥	电导率（μs/cm）	12.80	12.40	12.60	-1	17.80	15.00	16.27	-1	14.40	12.60	13.50	-1
2016	齐齐哈尔市	江桥	五日生化需氧量（mg/L）	2.00	1.90	1.95	Ⅰ	1.60	1.30	1.43	Ⅰ	2.40	1.50	1.95	Ⅰ
2016	齐齐哈尔市	江桥	化学需氧量（mg/L）	16.0	12.0	14.0	Ⅰ	24.0	12.0	16.7	Ⅲ	18.0	16.0	17.0	Ⅲ
2016	齐齐哈尔市	江桥	高锰酸盐指数（mg/L）	4.80	3.90	4.35	Ⅲ	4.00	3.50	3.80	Ⅱ	4.80	4.30	4.55	Ⅲ
2016	齐齐哈尔市	江桥	粪大肠菌群（个/L）	1 300	130	715	Ⅱ	9 200	50	3 115	Ⅲ	2 000	35	1 018	Ⅱ
2016	齐齐哈尔市	江桥	阴离子表面活性剂（mg/L）	0.05	0.05	0.05	Ⅰ	0.05	0.05	0.05	Ⅰ	0.05	0.05	0.05	Ⅰ
2016	齐齐哈尔市	江桥	汞（mg/L）	0.000 01	0.000 01	0.000 01	Ⅰ	0.000 01	0.000 01	0.000 01	Ⅰ	0.000 01	0.000 01	0.000 01	Ⅰ
2016	齐齐哈尔市	江桥	镉（mg/L）	0.000 1	0.000 1	0.000 1	Ⅰ	0.000 1	0.000 1	0.000 1	Ⅰ	0.000 1	0.000 1	0.000 1	Ⅰ
2016	齐齐哈尔市	江桥	六价铬（mg/L）	0.004	0.004	0.004	Ⅰ	0.004	0.004	0.004	Ⅰ	0.004	0.004	0.004	Ⅰ
2016	齐齐哈尔市	江桥	砷（mg/L）	0.000 8	0.000 8	0.000 8	Ⅰ	0.001 4	0.001	0.001 2	Ⅰ	0.000 9	0.000 7	0.000 8	Ⅰ
2016	齐齐哈尔市	江桥	铅（mg/L）	0.001	0.001	0.001	Ⅰ	0.001	0.001	0.001	Ⅰ	0.001	0.001	0.001	Ⅰ
2016	齐齐哈尔市	江桥	铜（mg/L）	0.05	0.05	0.05	Ⅱ	0.05	0.05	0.05	Ⅱ	0.05	0.05	0.05	Ⅱ
2016	齐齐哈尔市	江桥	锌（mg/L）	0.05	0.05	0.05	Ⅰ	0.05	0.05	0.05	Ⅰ	0.05	0.05	0.05	Ⅰ
2016	齐齐哈尔市	江桥	硒（mg/L）	0.000 4	0.000 4	0.000 4	Ⅰ	0.000 4	0.000 4	0.000 4	Ⅰ	0.000 4	0.000 4	0.000 4	Ⅰ
2016	齐齐哈尔市	江桥	氨氮（mg/L）	0.879	0.384	0.632	Ⅲ	0.181	0.096	0.146	Ⅰ	0.268	0.096	0.182	Ⅱ
2016	齐齐哈尔市	江桥	总磷（mg/L）	0.140	0.080	0.110	Ⅲ	0.100	0.070	0.083	Ⅱ	0.070	0.060	0.065	Ⅱ

（续表）

年度	城市名称	断面名称	污染物	枯水期				丰水期				平水期			
				最大值	最小值	平均值	水质类别	最大值	最小值	平均值	水质类别	最大值	最小值	平均值	水质类别
2016	齐齐哈尔市	江桥	氰化物（mg/L）	0.004	0.004	0.004	Ⅰ	0.004	0.004	0.004	Ⅰ	0.004	0.004	0.004	Ⅰ
2016	齐齐哈尔市	江桥	氟化物（mg/L）	0.130	0.040	0.085	Ⅰ	0.440	0.200	0.353	Ⅰ	0.160	0.100	0.130	Ⅰ
2016	齐齐哈尔市	江桥	硫化物（mg/L）	0.005	0.005	0.005	Ⅰ	0.005	0.005	0.005	Ⅰ	0.005	0.005	0.005	Ⅰ
Ⅰ 2016	齐齐哈尔市	江桥	石油类（mg/L）		0.01	0.01	0.01	Ⅰ	0.01	0.01	0.01	Ⅰ	0.01	0.01	0.01
2016	齐齐哈尔市	江桥	挥发酚（mg/L）	0.000 3	0.000 3	0.000 3	Ⅰ	0.000 3	0.000 3	0.000 3	Ⅰ	0.000 3	0.000 3	0.000 3	Ⅰ
2016	大庆市	嫩江口内	pH值（无量纲）	7.130	6.920	7.025	Ⅰ	8.180	7.610	7.837	Ⅰ	8.140	8.110	8.125	Ⅰ
2016	大庆市	嫩江口内	溶解氧（mg/L）	11.00	10.40	10.70	Ⅰ	7.30	7.20	7.23	Ⅱ	9.70	7.98	8.84	Ⅰ
2016	大庆市	嫩江口内	电导率（μs/cm）	10.90	9.80	10.35	-1	12.80	9.40	10.67	-1	27.10	8.90	18.00	-1
2016	大庆市	嫩江口内	五日生化需氧量（mg/L）	3.60	3.10	3.35	Ⅲ	2.80	1.70	2.23	Ⅰ	2.20	1.80	2.00	Ⅰ
2016	大庆市	嫩江口内	化学需氧量（mg/L）	14.0	12.0	13.0	Ⅰ	14.3	5.0	9.8	Ⅰ	14.8	13.0	13.9	Ⅰ
2016	大庆市	嫩江口内	高锰酸盐指数（mg/L）	4.60	4.50	4.55	Ⅲ	5.00	4.10	4.57	Ⅲ	4.70	4.50	4.60	Ⅲ
2016	大庆市	嫩江口内	粪大肠菌群（个/L）	800	800	800	Ⅱ	2 600	2 100	2 433	Ⅲ	2 200	1 700	1 950	Ⅱ
2016	大庆市	嫩江口内	阴离子表面活性剂（mg/L）	0.05	0.05	0.05	Ⅰ	0.05	0.05	0.05	Ⅰ	0.05	0.05	0.05	Ⅰ
2016	大庆市	嫩江口内	汞（mg/L）	0.000 04	0.000 04	0.000 04	Ⅰ	0.000 04	0.000 04	0.000 04	Ⅰ	0.000 04	0.000 04	0.000 04	Ⅰ
2016	大庆市	嫩江口内	镉（mg/L）	0.000 1	0.000 1	0.000 1	Ⅰ	0.000 1	0.000 1	0.000 1	Ⅰ	0.000 1	0.000 1	0.000 1	Ⅰ
2016	大庆市	嫩江口内	六价铬（mg/L）	0.004	0.004	0.004	Ⅰ	0.004	0.004	0.004	Ⅰ	0.004	0.004	0.004	Ⅰ
2016	大庆市	嫩江口内	砷（mg/L）	0.001 9	0.000 3	0.001 1	Ⅰ	0.001 6	0.001 1	0.001 4	Ⅰ	0.000 3	0.000 3	0.000 3	Ⅰ
2016	大庆市	嫩江口内	铅（mg/L）	0.001	0.001	0.001	Ⅰ	0.001	0.001	0.001	Ⅰ	0.001	0.001	0.001	Ⅰ
2016	大庆市	嫩江口内	铜（mg/L）	0.001	0.001	0.001	Ⅰ	0.001	0.001	0.001	Ⅰ	0.001	0.001	0.001	Ⅰ
2016	大庆市	嫩江口内	锌（mg/L）	0.05	0.05	0.05	Ⅰ	0.05	0.05	0.05	Ⅰ	0.05	0.05	0.05	Ⅰ

（续表）

年度	城市名称	断面名称	污染物	枯水期				丰水期				平水期			
				最大值	最小值	平均值	水质类别	最大值	最小值	平均值	水质类别	最大值	最小值	平均值	水质类别
2016	大庆市	嫩江口内	硒（mg/L）	0. 000 4	0. 000 4	0. 000 4	Ⅰ	0. 000 4	0. 000 4	0. 000 4	Ⅰ	0. 000 4	0. 000 4	0. 000 4	Ⅰ
2016	大庆市	嫩江口内	氨氮（mg/L）	0. 353 0	0. 295 0	0. 324 0	Ⅱ	0. 478 0	0. 025 0	0. 315 7	Ⅱ	0. 240 0	0. 127 0	0. 183 5	Ⅱ
2016	大庆市	嫩江口内	总磷（mg/L）	0. 070	0. 054	0. 062	Ⅱ	0. 135	0. 071	0. 106	Ⅲ	0. 109	0. 067	0. 088	Ⅱ
2016	大庆市	嫩江口内	氰化物（mg/L）	0. 004	0. 004	0. 004	Ⅰ	0. 004	0. 004	0. 004	Ⅰ	0. 004	0. 004	0. 004	Ⅰ
2016	大庆市	嫩江口内	氟化物（mg/L）	0. 320	0. 250	0. 285	Ⅰ	0. 390	0. 320	0. 347	Ⅰ	0. 220	0. 210	0. 215	Ⅰ
2016	大庆市	嫩江口内	硫化物（mg/L）	0. 005	0. 005	0. 005	Ⅰ	0. 005	0. 005	0. 005	Ⅰ	0. 005	0. 005	0. 005	Ⅰ
Ⅰ 2016	大庆市	嫩江口内	石油类（mg/L）		0. 04	0. 04	0. 04	Ⅰ	0. 04	0. 04	0. 04	Ⅰ	0. 04	0. 04	0. 04
2016	大庆市	嫩江口内	挥发酚（mg/L）	0. 000 3	0. 000 3	0. 000 3	Ⅰ	0. 000 3	0. 000 3	0. 000 3	Ⅰ	0. 000 3	0. 000 3	0. 000 3	Ⅰ
2016	哈尔滨市	朱顺屯	pH 值（无量纲）	7. 84	7. 64	7. 72	Ⅰ	7. 86	7. 53	7. 66	Ⅰ	8. 33	7. 86	8. 02	Ⅰ
2016	哈尔滨市	朱顺屯	溶解氧（mg/L）	8. 61	7. 71	8. 27	Ⅰ	7. 65	6. 37	7. 02	Ⅱ	8. 17	7. 89	8. 00	Ⅰ
2016	哈尔滨市	朱顺屯	电导率（μs/cm）	24. 9	21. 4	22. 6	-1	22. 7	18. 2	20. 0	-1	24. 5	22. 2	23. 1	-1
2016	哈尔滨市	朱顺屯	五日生化需氧量（mg/L）	3. 36	2. 61	2. 90	Ⅰ	2. 54	2. 41	2. 46	Ⅰ	2. 68	2. 21	2. 41	Ⅰ
2016	哈尔滨市	朱顺屯	化学需氧量（mg/L）	17. 7	16. 1	17. 0	Ⅲ	15. 8	14. 8	15. 1	Ⅲ	17. 4	15. 8	16. 4	Ⅲ
2016	哈尔滨市	朱顺屯	高锰酸盐指数（mg/L）	5. 40	4. 64	5. 09	Ⅲ	5. 17	4. 54	4. 90	Ⅲ	4. 80	4. 23	4. 57	Ⅲ
2016	哈尔滨市	朱顺屯	粪大肠菌群（个/L）	5 400	3 500	4 767	Ⅲ	3 500	3 300	3 433	Ⅲ	3 500	3 000	3 333	Ⅲ
2016	哈尔滨市	朱顺屯	阴离子表面活性剂（mg/L）	0. 05	0. 05	0. 05	Ⅰ	0. 05	0. 05	0. 05	Ⅰ	0. 05	0. 05	0. 05	Ⅰ
2016	哈尔滨市	朱顺屯	汞（mg/L）	0. 000 01	0. 000 01	0. 000 01	Ⅰ	0. 000 01	0. 000 01	0. 000 01	Ⅰ	0. 000 01	0. 000 01	0. 000 01	Ⅰ
2016	哈尔滨市	朱顺屯	镉（mg/L）	0. 000 1	0. 000 1	0. 000 1	Ⅰ	0. 000 1	0. 000 1	0. 000 1	Ⅰ	0. 000 1	0. 000 1	0. 000 1	Ⅰ
2016	哈尔滨市	朱顺屯	六价铬（mg/L）	0. 004	0. 004	0. 004	Ⅰ	0. 004	0. 004	0. 004	Ⅰ	0. 004	0. 004	0. 004	Ⅰ
2016	哈尔滨市	朱顺屯	砷（mg/L）	0. 000 3	0. 000 3	0. 000 3	Ⅰ	0. 000 3	0. 000 3	0. 000 3	Ⅰ	0. 000 3	0. 000 3	0. 000 3	Ⅰ

（续表）

年度	城市名称	断面名称	污染物	枯水期				丰水期				平水期			
				最大值	最小值	平均值	水质类别	最大值	最小值	平均值	水质类别	最大值	最小值	平均值	水质类别
2016	哈尔滨市	朱顺屯	铅（mg/L）	0.001	0.001	0.001	Ⅰ	0.001	0.001	0.001	Ⅰ	0.001	0.001	0.001	Ⅰ
2016	哈尔滨市	朱顺屯	铜（mg/L）	0.001	0.001	0.001	Ⅰ	0.001	0.001	0.001	Ⅰ	0.001	0.001	0.001	Ⅰ
2016	哈尔滨市	朱顺屯	锌（mg/L）	0.02	0.02	0.02	Ⅰ	0.02	0.02	0.02	Ⅰ	0.02	0.02	0.02	Ⅰ
2016	哈尔滨市	朱顺屯	硒（mg/L）	0.000 4	0.000 4	0.000 4	Ⅰ	0.000 4	0.000 4	0.000 4	Ⅰ	0.000 4	0.000 4	0.000 4	Ⅰ
2016	哈尔滨市	朱顺屯	氨氮（mg/L）	0.919	0.847	0.889	Ⅲ	0.583	0.323	0.491	Ⅱ	0.544	0.400	0.456	Ⅱ
2016	哈尔滨市	朱顺屯	总磷（mg/L）	0.11	0.07	0.083	Ⅱ	0.12	0.09	0.10	Ⅲ	0.09	0.06	0.08	Ⅱ
2016	哈尔滨市	朱顺屯	氰化物（mg/L）	0.002	0.002	0.002	Ⅰ	0.002	0.002	0.002	Ⅰ	0.002	0.002	0.002	Ⅰ
2016	哈尔滨市	朱顺屯	氟化物（mg/L）	0.259	0.251	0.256	Ⅰ	0.240	0.220	0.230	Ⅰ	0.253	0.214	0.236	Ⅰ
2016	哈尔滨市	朱顺屯	硫化物（mg/L）	0.005	0.005	0.005	Ⅰ	0.005	0.005	0.005	Ⅰ	0.005	0.005	0.005	Ⅰ
Ⅰ 2016	哈尔滨市	朱顺屯	石油类（mg/L）		0.04	0.04	0.04	Ⅰ	0.03	0.01	0.02	Ⅰ	0.05	0.02	0.03
2016	哈尔滨市	朱顺屯	挥发酚（mg/L）	0.001	0.000 3	0.000 7	Ⅰ	0.000 3	0.000 3	0.000 3	Ⅰ	0.000 3	0.000 3	0.000 3	Ⅰ
2016	哈尔滨市	呼兰河口内	pH 值（无量纲）	7.310	7.220	7.265	Ⅰ	8.010	7.690	7.833	Ⅰ	8.250	7.850	8.050	Ⅰ
2016	哈尔滨市	呼兰河口内	溶解氧（mg/L）	8.110	7.980	8.045	Ⅰ	7.830	6.570	7.387	Ⅱ	8.290	8.050	8.170	Ⅰ
2016	哈尔滨市	呼兰河口内	电导率（μs/cm）	29.80	28.30	29.05	-1	23.30	21.30	22.60	-1	26.20	24.40	25.30	-1
2016	哈尔滨市	呼兰河口内	五日生化需氧量（mg/L）	3.46	3.26	3.36	Ⅲ	4.00	3.22	3.52	Ⅲ	3.16	3.12	3.14	Ⅲ
2016	哈尔滨市	呼兰河口内	化学需氧量（mg/L）	19.70	19.00	19.35	Ⅲ	18.50	18.10	18.30	Ⅲ	19.40	18.50	18.95	Ⅲ
2016	哈尔滨市	呼兰河口内	高锰酸盐指数（mg/L）	5.89	5.59	5.74	Ⅲ	5.93	5.59	5.79	Ⅲ	5.95	5.31	5.63	Ⅲ
2016	哈尔滨市	呼兰河口内	粪大肠菌群（个/L）	24 000	24 000	24 000	Ⅴ	16 000	9 200	11 467	Ⅳ	16 000	9 200	12 600	Ⅳ
2016	哈尔滨市	呼兰河口内	阴离子表面活性剂（mg/L）	0.05	0.05	0.05	Ⅰ	0.05	0.05	0.05	Ⅰ	0.05	0.05	0.05	Ⅰ
2016	哈尔滨市	呼兰河口内	汞（mg/L）	0.000 01	0.000 01	0.000 01	Ⅰ	0.000 01	0.000 01	0.000 01	Ⅰ	0.000 01	0.000 01	0.000 01	Ⅰ

（续表）

年度	城市名称	断面名称	污染物	枯水期				丰水期				平水期			
				最大值	最小值	平均值	水质类别	最大值	最小值	平均值	水质类别	最大值	最小值	平均值	水质类别
2016	哈尔滨市	呼兰河口内	镉（mg/L）	0.000 1	0.000 1	0.000 1	Ⅰ	0.000 1	0.000 1	0.000 1	Ⅰ	0.000 1	0.000 1	0.000 1	Ⅰ
2016	哈尔滨市	呼兰河口内	六价铬（mg/L）	0.004	0.004	0.004	Ⅰ	0.004	0.004	0.004	Ⅰ	0.004	0.004	0.004	Ⅰ
2016	哈尔滨市	呼兰河口内	砷（mg/L）	0.000 3	0.000 3	0.000 3	Ⅰ	0.000 3	0.000 3	0.000 3	Ⅰ	0.000 3	0.000 3	0.000 3	Ⅰ
2016	哈尔滨市	呼兰河口内	铅（mg/L）	0.001	0.001	0.001	Ⅰ	0.001	0.001	0.001	Ⅰ	0.001	0.001	0.001	Ⅰ
2016	哈尔滨市	呼兰河口内	铜（mg/L）	0.001	0.001	0.001	Ⅰ	0.001	0.001	0.001	Ⅰ	0.001	0.001	0.001	Ⅰ
2016	哈尔滨市	呼兰河口内	锌（mg/L）	0.02	0.02	0.02	Ⅰ	0.02	0.02	0.02	Ⅰ	0.02	0.02	0.02	Ⅰ
2016	哈尔滨市	呼兰河口内	硒（mg/L）	0.000 4	0.000 4	0.000 4	Ⅰ	0.000 4	0.000 4	0.000 4	Ⅰ	0.000 4	0.000 4	0.000 4	Ⅰ
2016	哈尔滨市	呼兰河口内	氨氮（mg/L）	2.99	1.98	2.485	劣Ⅴ	0.783	0.516	0.605	Ⅲ	0.934	0.885	0.910	Ⅲ
2016	哈尔滨市	呼兰河口内	总磷（mg/L）	0.360	0.210	0.285	Ⅳ	0.140	0.110	0.123	Ⅲ	0.150	0.140	0.145	Ⅲ
2016	哈尔滨市	呼兰河口内	氰化物（mg/L）	0.002	0.002	0.002	Ⅰ	0.002	0.002	0.002	Ⅰ	0.002	0.002	0.002	Ⅰ
2016	哈尔滨市	呼兰河口内	氟化物（mg/L）	0.322	0.315	0.319	Ⅰ	0.400	0.370	0.383	Ⅰ	0.347	0.330	0.339	Ⅰ
2016	哈尔滨市	呼兰河口内	硫化物（mg/L）	0.005	0.005	0.005	Ⅰ	0.005	0.005	0.005	Ⅰ	0.006	0.005	0.005 5	Ⅰ
2016	哈尔滨市	呼兰河口内	石油类（mg/L）		0.080	0.070	0.075	Ⅳ	0.050	0.030	0.040	Ⅰ	0.050	0.050	0.050
2016	哈尔滨市	呼兰河口内	挥发酚（mg/L）	0.001 0	0.000 9	0.000 1	Ⅰ	0.001 2	0.000 3	0.000 6	Ⅰ	0.001 2	0.001 1	0.001 2	Ⅰ
2016	哈尔滨市	呼兰河口下	pH值（无量纲）	7.680	7.570	7.625	Ⅰ	7.970	7.740	7.833	Ⅰ	7.980	7.790	7.885	Ⅰ
2016	哈尔滨市	呼兰河口下	溶解氧（mg/L）	8.630	8.600	8.615	Ⅰ	7.190	6.780	6.953	Ⅱ	8.350	7.740	8.045	Ⅰ
2016	哈尔滨市	呼兰河口下	电导率（μs/cm）	24.6	24.2	24.4	-1	19.8	18.2	19.1	-1	25.4	23.8	24.6	-1
2016	哈尔滨市	呼兰河口下	五日生化需氧量（mg/L）	3.05	2.61	2.83	Ⅰ	2.53	2.42	2.49	Ⅰ	2.74	2.63	2.69	Ⅰ
2016	哈尔滨市	呼兰河口下	化学需氧量（mg/L）	17.40	16.90	17.15	Ⅲ	17.90	15.90	17.03	Ⅲ	17.40	16.80	17.10	Ⅲ
2016	哈尔滨市	呼兰河口下	高锰酸盐指数（mg/L）	5.26	5.24	5.25	Ⅲ	5.34	5.14	5.24	Ⅲ	5.10	4.88	4.99	Ⅲ

（续表）

年度	城市名称	断面名称	污染物	枯水期				丰水期				平水期			
				最大值	最小值	平均值	水质类别	最大值	最小值	平均值	水质类别	最大值	最小值	平均值	水质类别
2016	哈尔滨市	呼兰河口下	粪大肠菌群（个/L）	13 000	11 000	12 000	Ⅳ	5 400	4 500	4 900	Ⅲ	5 400	5 400	5 400	Ⅲ
2016	哈尔滨市	呼兰河口下	阴离子表面活性剂（mg/L）	0.05	0.05	0.05	Ⅰ	0.05	0.05	0.05	Ⅰ	0.05	0.05	0.05	Ⅰ
2016	哈尔滨市	呼兰河口下	汞（mg/L）	0.000 01	0.000 01	0.000 01	Ⅰ	0.000 01	0.000 01	0.000 01	Ⅰ	0.000 01	0.000 01	0.000 01	Ⅰ
2016	哈尔滨市	呼兰河口下	镉（mg/L）	0.000 1	0.000 1	0.000 1	Ⅰ	0.000 1	0.000 1	0.000 1	Ⅰ	0.000 1	0.000 1	0.000 1	Ⅰ
2016	哈尔滨市	呼兰河口下	六价铬（mg/L）	0.004	0.004	0.004	Ⅰ	0.004	0.004	0.004	Ⅰ	0.004	0.004	0.004	Ⅰ
2016	哈尔滨市	呼兰河口下	砷（mg/L）	0.000 3	0.000 3	0.000 3	Ⅰ	0.000 3	0.000 3	0.000 3	Ⅰ	0.000 3	0.000 3	0.000 3	Ⅰ
2016	哈尔滨市	呼兰河口下	铅（mg/L）	0.001	0.001	0.001	Ⅰ	0.001	0.001	0.001	Ⅰ	0.001	0.001	0.001	Ⅰ
2016	哈尔滨市	呼兰河口下	铜（mg/L）	0.001	0.001	0.001	Ⅰ	0.001	0.001	0.001	Ⅰ	0.001	0.001	0.001	Ⅰ
2016	哈尔滨市	呼兰河口下	锌（mg/L）	0.02	0.02	0.02	Ⅰ	0.02	0.02	0.02	Ⅰ	0.02	0.02	0.02	Ⅰ
2016	哈尔滨市	呼兰河口下	硒（mg/L）	0.000 4	0.000 4	0.000 4	Ⅰ	0.000 4	0.000 4	0.000 4	Ⅰ	0.000 4	0.000 4	0.000 4	Ⅰ
2016	哈尔滨市	呼兰河口下	氨氮（mg/L）	0.987	0.975	0.981	Ⅲ	0.565	0.460	0.501	Ⅲ	0.686	0.532	0.609	Ⅲ
2016	哈尔滨市	呼兰河口下	总磷（mg/L）	0.100	0.100	0.100	Ⅱ	0.120	0.100	0.110	Ⅲ	0.110	0.080	0.095	Ⅱ
2016	哈尔滨市	呼兰河口下	氰化物（mg/L）	0.002	0.002	0.002	Ⅰ	0.002	0.002	0.002	Ⅰ	0.002	0.002	0.002	Ⅰ
2016	哈尔滨市	呼兰河口下	氟化物（mg/L）	0.270	0.268	0.269	Ⅰ	0.230	0.230	0.230	Ⅰ	0.254	0.250	0.252	Ⅰ
2016	哈尔滨市	呼兰河口下	硫化物（mg/L）	0.005	0.005	0.005	Ⅰ	0.005	0.005	0.005	Ⅰ	0.005	0.005	0.005	Ⅰ
Ⅰ 2016	哈尔滨市	呼兰河口下	石油类（mg/L）		0.050	0.040	0.045	Ⅰ	0.040	0.020	0.033	Ⅰ	0.040	0.030	0.035
2016	哈尔滨市	呼兰河口下	挥发酚（mg/L）	0.000 3	0.000 3	0.000 3	Ⅰ	0.000 3	0.000 3	0.000 3	Ⅰ	0.000 3	0.000 3	0.000 3	Ⅰ
2016	哈尔滨市	大顶子山	pH 值（无量纲）	8.080	8.050	8.065	Ⅰ	7.780	7.590	7.700	Ⅰ	8.420	7.780	8.003	Ⅰ
2016	哈尔滨市	大顶子山	溶解氧（mg/L）	9.020	8.790	8.905	Ⅰ	7.44	6.670	7.053	Ⅱ	8.680	7.520	7.963	Ⅰ
2016	哈尔滨市	大顶子山	电导率（μs/cm）	24.7	24.5	24.6	-1	18.7	18.5	18.6	-1	27.1	23.2	24.6	-1

（续表）

年度	城市名称	断面名称	污染物	枯水期				丰水期				平水期			
				最大值	最小值	平均值	水质类别	最大值	最小值	平均值	水质类别	最大值	最小值	平均值	水质类别
2016	哈尔滨市	大顶子山	五日生化需氧量（mg/L）	3.11	3.07	3.09	Ⅲ	2.35	2.18	2.27	Ⅰ	3.42	2.19	2.66	Ⅰ
2016	哈尔滨市	大顶子山	化学需氧量（mg/L）	19.60	17.20	18.40	Ⅲ	17.80	14.80	16.33	Ⅲ	20.00	15.20	17.03	Ⅲ
2016	哈尔滨市	大顶子山	高锰酸盐指数（mg/L）	5.36	4.98	5.17	Ⅲ	5.17	4.83	5.00	Ⅲ	5.94	4.51	5.02	Ⅲ
2016	哈尔滨市	大顶子山	粪大肠菌群（个/L）	6 700	5 400	6 050	Ⅲ	3 300	3 000	3 100	Ⅲ	5 400	5 400	5 400	Ⅲ
2016	哈尔滨市	大顶子山	阴离子表面活性剂（mg/L）	0.05	0.05	0.05	Ⅰ	0.05	0.05	0.05	Ⅰ	0.05	0.05	0.05	Ⅰ
2016	哈尔滨市	大顶子山	汞（mg/L）	0.000 01	0.000 01	0.000 01	Ⅰ	0.000 01	0.000 01	0.000 01	Ⅰ	0.000 01	0.000 01	0.000 01	Ⅰ
2016	哈尔滨市	大顶子山	镉（mg/L）	0.000 1	0.000 1	0.000 1	Ⅰ	0.000 1	0.000 1	0.000 1	Ⅰ	0.000 1	0.000 1	0.000 1	Ⅰ
2016	哈尔滨市	大顶子山	六价铬（mg/L）	0.004	0.004	0.004	Ⅰ	0.004	0.004	0.004	Ⅰ	0.004	0.004	0.004	Ⅰ
2016	哈尔滨市	大顶子山	砷（mg/L）	0.000 3	0.000 3	0.000 3	Ⅰ	0.000 3	0.000 3	0.000 3	Ⅰ	0.000 3	0.000 3	0.000 3	Ⅰ
2016	哈尔滨市	大顶子山	铅（mg/L）	0.001	0.001	0.001	Ⅰ	0.001	0.001	0.001	Ⅰ	0.001	0.001	0.001	Ⅰ
2016	哈尔滨市	大顶子山	铜（mg/L）	0.001	0.001	0.001	Ⅰ	0.001	0.001	0.001	Ⅰ	0.001	0.001	0.001	Ⅰ
2016	哈尔滨市	大顶子山	锌（mg/L）	0.02	0.02	0.02	Ⅰ	0.02	0.02	0.02	Ⅰ	0.02	0.02	0.02	Ⅰ
2016	哈尔滨市	大顶子山	硒（mg/L）	0.000 4	0.000 4	0.000 4	Ⅰ	0.000 4	0.000 4	0.000 4	Ⅰ	0.000 4	0.000 4	0.000 4	Ⅰ
2016	哈尔滨市	大顶子山	氨氮（mg/L）	1.000	0.929	0.965	Ⅲ	0.569	0.492	0.529	Ⅲ	0.613	0.485	0.555	Ⅲ
2016	哈尔滨市	大顶子山	总磷（mg/L）	0.120	0.100	0.110	Ⅲ	0.120	0.090	0.107	Ⅲ	0.120	0.080	0.097	Ⅱ
2016	哈尔滨市	大顶子山	氰化物（mg/L）	0.002	0.002	0.002	Ⅰ	0.002	0.002	0.002	Ⅰ	0.002	0.002	0.002	Ⅰ
2016	哈尔滨市	大顶子山	氟化物（mg/L）	0.255	0.250	0.253	Ⅰ	0.240	0.230	0.237	Ⅰ	0.262	0.225	0.246	Ⅰ
2016	哈尔滨市	大顶子山	硫化物（mg/L）	0.005	0.005	0.005	Ⅰ	0.005	0.005	0.005	Ⅰ	0.005	0.005	0.005	Ⅰ
Ⅰ 2016	哈尔滨市	大顶子山	石油类（mg/L）		0.04	0.04	0.04	Ⅰ	0.04	0.02	0.033	Ⅰ	0.04	0.03	0.037
2016	哈尔滨市	大顶子山	挥发酚（mg/L）	0.000 3	0.000 3	0.000 3	Ⅰ	0.000 3	0.000 3	0.000 3	Ⅰ	0.000 3	0.000 3	0.000 3	Ⅰ

2017 年水质状况

年度	城市名称	断面名称	污染物	枯水期				丰水期				平水期			
				最大值	最小值	平均值	水质类别	最大值	最小值	平均值	水质类别	最大值	最小值	平均值	水质类别
2017	齐齐哈尔市	拉哈	pH 值（无量纲）	7.530	7.360	7.445	Ⅰ	7.430	6.860	7.163	Ⅰ	7.630	7.560	7.595	Ⅰ
2017	齐齐哈尔市	拉哈	溶解氧（mg/L）	9.08	6.74	7.91	Ⅰ	7.00	5.16	6.30	Ⅱ	11.12	7.80	9.46	Ⅰ
2017	齐齐哈尔市	拉哈	电导率（μs/cm）	9.70	5.10	7.40	-1	15.10	11.00	12.77	-1	15.00	10.20	12.60	-1
2017	齐齐哈尔市	拉哈	五日生化需氧量（mg/L）	2.80	2.10	2.45	Ⅰ	1.00	0.80	0.90	Ⅰ	1.40	1.20	1.30	Ⅰ
2017	齐齐哈尔市	拉哈	化学需氧量（mg/L）	14.0	14.0	14.0	Ⅰ	18.0	12.0	14.7	Ⅰ	16.0	16.0	16.0	Ⅲ
2017	齐齐哈尔市	拉哈	高锰酸盐指数（mg/L）	5.6	3.0	4.3	Ⅲ	5	4.2	4.67	Ⅲ	5.4	5.2	5.3	Ⅲ
2017	齐齐哈尔市	拉哈	粪大肠菌群（个/L）	130	20	75	Ⅰ	7 933	330	3 069	Ⅲ	130	20	75	Ⅰ
2017	齐齐哈尔市	拉哈	阴离子表面活性剂（mg/L）	0.06	0.05	0.055	Ⅰ	0.05	0.05	0.05	Ⅰ	0.05	0.05	0.05	Ⅰ
2017	齐齐哈尔市	拉哈	汞（mg/L）	0.000 01	0.000 01	0.000 01	Ⅰ	0.000 01	0.000 01	0.000 01	Ⅰ	0.000 01	0.000 01	0.000 01	Ⅰ
2017	齐齐哈尔市	拉哈	镉（mg/L）	0.000 1	0.000 1	0.000 1	Ⅰ	0.000 1	0.000 1	0.000 1	Ⅰ	0.000 1	0.000 1	0.000 1	Ⅰ
2017	齐齐哈尔市	拉哈	六价铬（mg/L）	0.004	0.004	0.004	Ⅰ	0.004	0.004	0.004	Ⅰ	0.004	0.004	0.004	Ⅰ
2017	齐齐哈尔市	拉哈	砷（mg/L）	0.001 2	0.000 9	0.001 1	Ⅰ	0.001 1	0.000 8	0.001 0	Ⅰ	0.000 7	0.000 6	0.000 7	Ⅰ
2017	齐齐哈尔市	拉哈	铅（mg/L）	0.001	0.001	0.001	Ⅰ	0.001	0.001	0.001	Ⅰ	0.001	0.001	0.001	Ⅰ
2017	齐齐哈尔市	拉哈	铜（mg/L）	0.05	0.05	0.05	Ⅱ	0.05	0.05	0.05	Ⅱ	0.05	0.05	0.05	Ⅱ
2017	齐齐哈尔市	拉哈	锌（mg/L）	0.05	0.05	0.05	Ⅰ	0.05	0.05	0.05	Ⅰ	0.05	0.05	0.05	Ⅰ
2017	齐齐哈尔市	拉哈	硒（mg/L）	0.000 4	0.000 4	0.000 4	Ⅰ	0.000 4	0.000 4	0.000 4	Ⅰ	0.000 4	0.000 4	0.000 4	Ⅰ
2017	齐齐哈尔市	拉哈	氨氮（mg/L）	0.528	0.341	0.435	Ⅱ	0.159	0.048	0.105	Ⅰ	0.095	0.066	0.081	Ⅰ
2017	齐齐哈尔市	拉哈	总磷（mg/L）	0.04	0.04	0.04	Ⅱ	0.09	0.05	0.07	Ⅱ	0.05	0.03	0.04	Ⅱ
2017	齐齐哈尔市	拉哈	氰化物（mg/L）	0.004	0.004	0.004	Ⅰ	0.004	0.004	0.004	Ⅰ	0.004	0.004	0.004	Ⅰ
2017	齐齐哈尔市	拉哈	氟化物（mg/L）	0.28	0.154	0.217	Ⅰ	0.181	0.159	0.171	Ⅰ	0.25	0.208	0.229	Ⅰ
2017	齐齐哈尔市	拉哈	硫化物（mg/L）	0.017	0.005	0.011	Ⅰ	0.005	0.005	0.005	Ⅰ	0.005	0.005	0.005	Ⅰ

（续表）

年度	城市名称	断面名称	污染物	枯水期				丰水期				平水期			
				最大值	最小值	平均值	水质类别	最大值	最小值	平均值	水质类别	最大值	最小值	平均值	水质类别
2017	齐齐哈尔市	拉哈	石油类（mg/L）		0.01	0.01	0.01	Ⅰ	0.01	0.01	0.01	Ⅰ	0.01	0.01	0.01
2017	齐齐哈尔市	拉哈	挥发酚（mg/L）	0.000 3	0.000 3	0.000 3	Ⅰ	0.000 3	0.000 3	0.000 3	Ⅰ	0.000 3	0.000 3	0.000 3	Ⅰ
2017	齐齐哈尔市	江桥	pH值（无量纲）	7.180	7.150	7.165	Ⅰ	8.100	7.800	7.960	Ⅰ	8.600	7.570	8.085	Ⅰ
2017	齐齐哈尔市	江桥	溶解氧（mg/L）	9.22	8.78	9.00	Ⅰ	8.27	5.56	6.89	Ⅱ	9.78	8.62	9.20	Ⅰ
2017	齐齐哈尔市	江桥	电导率（μs/cm）	15.00	7.90	11.45	−1	20.40	14.20	16.83	−1	20.10	12.20	16.15	−1
2017	齐齐哈尔市	江桥	五日生化需氧量（mg/L）	2.30	2.10	2.20	Ⅰ	1.00	0.80	0.90	Ⅰ	3.10	2.20	2.65	Ⅰ
2017	齐齐哈尔市	江桥	化学需氧量（mg/L）	15.0	12.0	13.5	Ⅰ	14.0	10.0	12.0	Ⅰ	17.0	14.0	15.5	Ⅲ
2017	齐齐哈尔市	江桥	高锰酸盐指数（mg/L）	3.6	3.4	3.5	Ⅱ	5.0	2.9	4.0	Ⅱ	5.5	5.3	5.4	Ⅲ
2017	齐齐哈尔市	江桥	粪大肠菌群（个/L）	7 300	1 300	4 300	Ⅲ	79 000	790	26 963	Ⅴ	490	20	255	Ⅱ
2017	齐齐哈尔市	江桥	阴离子表面活性剂（mg/L）	0.06	0.05	0.055	Ⅰ	0.05	0.05	0.05	Ⅰ	0.05	0.05	0.05	Ⅰ
2017	齐齐哈尔市	江桥	汞（mg/L）	0.000 01	0.000 01	0.000 01	Ⅰ	0.000 01	0.000 01	0.000 01	Ⅰ	0.000 01	0.000 01	0.000 01	Ⅰ
2017	齐齐哈尔市	江桥	镉（mg/L）	0.000 1	0.000 1	0.000 1	Ⅰ	0.000 1	0.000 1	0.000 1	Ⅰ	0.000 1	0.000 1	0.000 1	Ⅰ
2017	齐齐哈尔市	江桥	六价铬（mg/L）	0.004	0.004	0.004	Ⅰ	0.004	0.004	0.004	Ⅰ	0.004	0.004	0.004	Ⅰ
2017	齐齐哈尔市	江桥	砷（mg/L）	0.001 2	0.000 9	0.001 1	Ⅰ	0.0020	0.001 6	0.001 7	Ⅰ	0.001 1	0.001 1	0.001 1	Ⅰ
2017	齐齐哈尔市	江桥	铅（mg/L）	0.001	0.001	0.001	Ⅰ	0.001	0.001	0.001	Ⅰ	0.001	0.001	0.001	Ⅰ
2017	齐齐哈尔市	江桥	铜（mg/L）	0.05	0.05	0.05	Ⅱ	0.05	0.05	0.05	Ⅱ	0.05	0.05	0.05	Ⅱ
2017	齐齐哈尔市	江桥	锌（mg/L）	0.05	0.05	0.05	Ⅰ	0.05	0.05	0.05	Ⅰ	0.05	0.05	0.05	Ⅰ
2017	齐齐哈尔市	江桥	硒（mg/L）	0.000 4	0.000 4	0.000 4	Ⅰ	0.000 4	0.000 4	0.000 4	Ⅰ	0.000 4	0.000 4	0.000 4	Ⅰ
2017	齐齐哈尔市	江桥	氨氮（mg/L）	0.634	0.630	0.632	Ⅲ	0.184	0.074	0.116	Ⅰ	0.113	0.104	0.109	Ⅰ
2017	齐齐哈尔市	江桥	总磷（mg/L）	0.060	0.040	0.050	Ⅱ	0.090	0.060	0.077	Ⅱ	0.060	0.050	0.055	Ⅱ

（续表）

年度	城市名称	断面名称	污染物	枯水期				丰水期				平水期			
				最大值	最小值	平均值	水质类别	最大值	最小值	平均值	水质类别	最大值	最小值	平均值	水质类别
2017	齐齐哈尔市	江桥	氰化物（mg/L）	0.004	0.004	0.004	Ⅰ	0.004	0.004	0.004	Ⅰ	0.004	0.004	0.004	Ⅰ
2017	齐齐哈尔市	江桥	氟化物（mg/L）	0.286	0.145	0.216	Ⅰ	0.292	0.252	0.270	Ⅰ	0.282	0.205	0.244	Ⅰ
2017	齐齐哈尔市	江桥	硫化物（mg/L）	0.015	0.005	0.01	Ⅰ	0.005	0.005	0.005	Ⅰ	0.005	0.005	0.005	Ⅰ
Ⅰ 2017	齐齐哈尔市	江桥	石油类（mg/L）		0.01	0.01	0.01	Ⅰ	0.01	0.01	0.01	Ⅰ	0.01	0.01	0.01
2017	齐齐哈尔市	江桥	挥发酚（mg/L）	0.000 3	0.000 3	0.000 3	Ⅰ	0.000 3	0.000 3	0.000 3	Ⅰ	0.000 3	0.000 3	0.000 3	Ⅰ
2017	大庆市	嫩江口内	pH 值（无量纲）	6.98	6.68	6.86	Ⅰ	8.00	7.48	7.67	Ⅰ	7.97	7.88	7.93	Ⅰ
2017	大庆市	嫩江口内	溶解氧（mg/L）	12.80	10.60	11.67	Ⅰ	8.50	5.50	7.40	Ⅱ	8.30	7.20	7.75	Ⅰ
2017	大庆市	嫩江口内	电导率（μs/cm）	10.40	9.60	9.93	-1	20.90	7.90	14.03	-1	16.30	14.20	15.25	-1
2017	大庆市	嫩江口内	五日生化需氧量（mg/L）	3.7	2.4	3.2	Ⅲ	3.0	2.2	2.6	Ⅰ	3.0	2.8	2.9	Ⅰ
2017	大庆市	嫩江口内	化学需氧量（mg/L）	14.0	9.0	11.3	Ⅰ	19.0	16.0	17.3	Ⅲ	16.0	15.0	15.5	Ⅲ
2017	大庆市	嫩江口内	高锰酸盐指数（mg/L）	4.40	3.70	4.03	Ⅲ	5.60	4.80	5.17	Ⅲ	5.40	5.10	5.25	Ⅲ
2017	大庆市	嫩江口内	粪大肠菌群（个/L）	1 100	800	1 000	Ⅱ	3 300	2 100	2 667	Ⅲ	2 200	1 700	1 950	Ⅱ
2017	大庆市	嫩江口内	阴离子表面活性剂（mg/L）	0.05	0.05	0.05	Ⅰ	0.05	0.05	0.05	Ⅰ	0.05	0.05	0.05	Ⅰ
2017	大庆市	嫩江口内	汞（mg/L）	0.000 04	0.000 04	0.000 04	Ⅰ	0.000 04	0.000 04	0.000 04	Ⅰ	0.000 04	0.000 04	0.000 04	Ⅰ
2017	大庆市	嫩江口内	镉（mg/L）	0.000 1	0.000 1	0.000 1	Ⅰ	0.000 1	0.000 1	0.000 1	Ⅰ	0.000 1	0.000 1	0.000 1	Ⅰ
2017	大庆市	嫩江口内	六价铬（mg/L）	0.004	0.004	0.004	Ⅰ	0.004	0.004	0.004	Ⅰ	0.004	0.004	0.004	Ⅰ
2017	大庆市	嫩江口内	砷（mg/L）	0.001 6	0.000 3	0.000 8	Ⅰ	0.000 3	0.000 3	0.000 3	Ⅰ	0.000 3	0.000 3	0.000 3	Ⅰ
2017	大庆市	嫩江口内	铅（mg/L）	0.001	0.001	0.001	Ⅰ	0.002	0.002	0.002	Ⅰ	0.002	0.002	0.002	Ⅰ
2017	大庆市	嫩江口内	铜（mg/L）	0.001	0.001	0.001	Ⅰ	0.001	0.001	0.001	Ⅰ	0.001	0.001	0.001	Ⅰ
2017	大庆市	嫩江口内	锌（mg/L）	0.05	0.05	0.05	Ⅰ	0.05	0.05	0.05	Ⅰ	0.05	0.05	0.05	Ⅰ

（续表）

年度	城市名称	断面名称	污染物	枯水期				丰水期				平水期			
				最大值	最小值	平均值	水质类别	最大值	最小值	平均值	水质类别	最大值	最小值	平均值	水质类别
2017	大庆市	嫩江口内	硒（mg/L）	0.000 4	0.000 4	0.000 4	Ⅰ	0.000 4	0.000 4	0.000 4	Ⅰ	0.000 4	0.000 4	0.000 4	Ⅰ
2017	大庆市	嫩江口内	氨氮（mg/L）	0.302	0.227	0.263	Ⅱ	0.280	0.144	0.218	Ⅱ	0.515	0.153	0.334	Ⅱ
2017	大庆市	嫩江口内	总磷（mg/L）	0.069	0.013	0.040	Ⅱ	0.192	0.078	0.147	Ⅲ	0.084	0.063	0.074	Ⅱ
2017	大庆市	嫩江口内	氰化物（mg/L）	0.004	0.004	0.004	Ⅰ	0.004	0.004	0.004	Ⅰ	0.004	0.004	0.004	Ⅰ
2017	大庆市	嫩江口内	氟化物（mg/L）	0.310	0.250	0.286	Ⅰ	0.343	0.210	0.268	Ⅰ	0.291	0.158	0.225	Ⅰ
2017	大庆市	嫩江口内	硫化物（mg/L）	0.005	0.005	0.005	Ⅰ	0.005	0.005	0.005	Ⅰ	0.005	0.005	0.005	Ⅰ
Ⅰ 2017	大庆市	嫩江口内	石油类（mg/L）		0.04	0.04	0.04	Ⅰ	0.01	0.01	0.01	Ⅰ	0.01	0.01	0.01
2017	大庆市	嫩江口内	挥发酚（mg/L）	0.000 3	0.000 3	0.000 3	Ⅰ	0.000 3	0.000 3	0.000 3	Ⅰ	0.000 6	0.000 3	0.000 45	Ⅰ
2017	哈尔滨市	朱顺屯	pH值（无量纲）	7.51	7.36	7.44	Ⅰ	7.94	7.43	7.68	Ⅰ	8.91	7.47	8.19	Ⅰ
2017	哈尔滨市	朱顺屯	溶解氧（mg/L）	10.60	9.88	10.24	Ⅰ	8.00	6.12	7.20	Ⅱ	9.66	8.31	8.99	Ⅰ
2017	哈尔滨市	朱顺屯	电导率（μs/cm）	28.10	25.90	27.00	-1	27.50	19.20	23.10	-1	31.60	18.30	24.95	-1
2017	哈尔滨市	朱顺屯	五日生化需氧量（mg/L）	2.52	1.95	2.24	Ⅰ	2.80	2.40	2.63	Ⅰ	3.30	2.50	2.90	Ⅰ
2017	哈尔滨市	朱顺屯	化学需氧量（mg/L）	15.9	14.3	15.1	Ⅲ	19.0	15.0	17.3	Ⅲ	17.0	15.0	16.0	Ⅲ
2017	哈尔滨市	朱顺屯	高锰酸盐指数（mg/L）	3.93	3.50	3.72	Ⅱ	5.40	3.80	4.77	Ⅲ	4.70	4.70	4.70	Ⅲ
2017	哈尔滨市	朱顺屯	粪大肠菌群（个/L）	1 800	1 200	1 500	Ⅱ	2 200	1 200	1 733	Ⅱ	2 200	1 300	1 750	Ⅱ
2017	哈尔滨市	朱顺屯	阴离子表面活性剂（mg/L）	0.05	0.05	0.05	Ⅰ	0.04	0.04	0.04	Ⅰ	0.04	0.04	0.04	Ⅰ
2017	哈尔滨市	朱顺屯	汞（mg/L）	0.000 01	0.000 01	0.000 01	Ⅰ	0.000 01	0.000 01	0.000 01	Ⅰ	0.000 01	0.000 01	0.000 01	Ⅰ
2017	哈尔滨市	朱顺屯	镉（mg/L）	0.000 1	0.000 1	0.000 1	Ⅰ	0.000 1	0.000 1	0.000 1	Ⅰ	0.000 1	0.000 1	0.000 1	Ⅰ
2017	哈尔滨市	朱顺屯	六价铬（mg/L）	0.004	0.004	0.004	Ⅰ	0.004	0.004	0.004	Ⅰ	0.004	0.004	0.004	Ⅰ
2017	哈尔滨市	朱顺屯	砷（mg/L）	0.000 3	0.000 3	0.000 3	Ⅰ	0.000 3	0.000 3	0.000 3	Ⅰ	0.000 3	0.000 3	0.000 3	Ⅰ

（续表）

年度	城市名称	断面名称	污染物	枯水期				丰水期				平水期			
				最大值	最小值	平均值	水质类别	最大值	最小值	平均值	水质类别	最大值	最小值	平均值	水质类别
2017	哈尔滨市	朱顺屯	铅（mg/L）	0.001	0.001	0.001	Ⅰ	0.002	0.002	0.002	Ⅰ	0.002	0.002	0.002	Ⅰ
2017	哈尔滨市	朱顺屯	铜（mg/L）	0.001	0.001	0.001	Ⅰ	0.001	0.001	0.001	Ⅰ	0.001	0.001	0.001	Ⅰ
2017	哈尔滨市	朱顺屯	锌（mg/L）	0.02	0.02	0.02	Ⅰ	0.05	0.05	0.05	Ⅰ	0.05	0.05	0.05	Ⅰ
2017	哈尔滨市	朱顺屯	硒（mg/L）	0.000 4	0.000 4	0.000 4	Ⅰ	0.000 4	0.000 4	0.000 4	Ⅰ	0.000 4	0.000 4	0.000 4	Ⅰ
2017	哈尔滨市	朱顺屯	氨氮（mg/L）	0.825	0.485	0.655	Ⅲ	0.310	0.190	0.250	Ⅱ	0.290	0.210	0.250	Ⅱ
2017	哈尔滨市	朱顺屯	总磷（mg/L）	0.11	0.09	0.10	Ⅱ	0.16	0.07	0.12	Ⅲ	0.07	0.05	0.06	Ⅱ
2017	哈尔滨市	朱顺屯	氰化物（mg/L）	0.002	0.002	0.002	Ⅰ	0.001	0.001	0.001	Ⅰ	0.001	0.001	0.001	Ⅰ
2017	哈尔滨市	朱顺屯	氟化物（mg/L）	0.240	0.240	0.240	Ⅰ	0.322	0.233	0.289	Ⅰ	0.330	0.294	0.312	Ⅰ
2017	哈尔滨市	朱顺屯	硫化物（mg/L）	0.005	0.005	0.005	Ⅰ	0.004	0.004	0.004	Ⅰ	0.004	0.004	0.004	Ⅰ
Ⅰ 2017	哈尔滨市	朱顺屯	石油类（mg/L）		0.01	0.01	0.01	Ⅰ	0.02	0.01	0.01	Ⅰ	0.02	0.02	0.02
2017	哈尔滨市	朱顺屯	挥发酚（mg/L）	0.000 3	0.000 3	0.000 3	Ⅰ	0.000 3	0.000 3	0.000 3	Ⅰ	0.000 3	0.000 3	0.000 3	Ⅰ
2017	哈尔滨市	呼兰河口内	pH值（无量纲）	7.00	6.88	6.94	Ⅰ	8.51	7.54	8.05	Ⅰ	8.75	8.00	8.38	Ⅰ
2017	哈尔滨市	呼兰河口内	溶解氧（mg/L）	8.94	7.66	8.30	Ⅰ	6.98	5.84	6.46	Ⅱ	9.23	8.80	9.02	Ⅰ
2017	哈尔滨市	呼兰河口内	电导率（μs/cm）	41.30	39.20	40.25	-1	29.90	21.60	24.60	-1	33.80	28.50	31.15	-1
2017	哈尔滨市	呼兰河口内	五日生化需氧量（mg/L）	4.22	2.77	3.50	Ⅲ	3.80	3.20	3.43	Ⅲ	2.20	1.80	2.00	Ⅰ
2017	哈尔滨市	呼兰河口内	化学需氧量（mg/L）	20.4	18.6	19.5	Ⅲ	19.00	18.00	18.67	Ⅲ	17.00	17.00	17.00	Ⅲ
2017	哈尔滨市	呼兰河口内	高锰酸盐指数（mg/L）	4.10	3.90	4.00	Ⅱ	5.60	4.80	5.33	Ⅲ	4.10	4.10	4.10	Ⅲ
2017	哈尔滨市	呼兰河口内	粪大肠菌群（个/L）	5 400	3 500	4 450	Ⅲ	9 200	5 400	6 667	Ⅲ	9 200	5 400	7 300	Ⅲ
2017	哈尔滨市	呼兰河口内	阴离子表面活性剂（mg/L）	0.05	0.05	0.05	Ⅰ	0.04	0.04	0.04	Ⅰ	0.04	0.04	0.04	Ⅰ
2017	哈尔滨市	呼兰河口内	汞（mg/L）	0.000 01	0.000 01	0.000 01	Ⅰ	0.000 01	0.000 01	0.000 01	Ⅰ	0.000 01	0.000 01	0.000 01	Ⅰ

（续表）

年度	城市名称	断面名称	污染物	枯水期				丰水期				平水期			
				最大值	最小值	平均值	水质类别	最大值	最小值	平均值	水质类别	最大值	最小值	平均值	水质类别
2017	哈尔滨市	呼兰河口内	镉（mg/L）	0.000 1	0.000 1	0.000 1	Ⅰ	0.000 1	0.000 1	0.000 1	Ⅰ	0.000 1	0.000 1	0.000 1	Ⅰ
2017	哈尔滨市	呼兰河口内	六价铬（mg/L）	0.004	0.004	0.004	Ⅰ	0.004	0.004	0.004	Ⅰ	0.004	0.004	0.004	Ⅰ
2017	哈尔滨市	呼兰河口内	砷（mg/L）	0.000 3	0.000 3	0.000 3	Ⅰ	0.000 3	0.000 3	0.000 3	Ⅰ	0.000 3	0.000 3	0.000 3	Ⅰ
2017	哈尔滨市	呼兰河口内	铅（mg/L）	0.001	0.001	0.001	Ⅰ	0.002	0.002	0.002	Ⅰ	0.002	0.002	0.002	Ⅰ
2017	哈尔滨市	呼兰河口内	铜（mg/L）	0.001	0.001	0.001	Ⅰ	0.001	0.001	0.001	Ⅰ	0.001	0.001	0.001	Ⅰ
2017	哈尔滨市	呼兰河口内	锌（mg/L）	0.02	0.02	0.02	Ⅰ	0.05	0.05	0.05	Ⅰ	0.05	0.05	0.05	Ⅰ
2017	哈尔滨市	呼兰河口内	硒（mg/L）	0.000 4	0.000 4	0.000 4	Ⅰ	0.000 4	0.000 4	0.000 4	Ⅰ	0.000 4	0.000 4	0.000 4	Ⅰ
2017	哈尔滨市	呼兰河口内	氨氮（mg/L）	1.480	1.110	1.295	Ⅳ	0.880	0.700	0.783	Ⅲ	0.410	0.350	0.380	Ⅱ
2017	哈尔滨市	呼兰河口内	总磷（mg/L）	0.24	0.14	0.19	Ⅲ	0.19	0.10	0.16	Ⅲ	0.13	0.07	0.10	Ⅱ
2017	哈尔滨市	呼兰河口内	氰化物（mg/L）	0.002	0.002	0.002	Ⅰ	0.001	0.001	0.001	Ⅰ	0.001	0.001	0.001	Ⅰ
2017	哈尔滨市	呼兰河口内	氟化物（mg/L）	0.430	0.430	0.430	Ⅰ	0.523	0.489	0.501	Ⅰ	0.570	0.481	0.525	Ⅰ
2017	哈尔滨市	呼兰河口内	硫化物（mg/L）	0.005	0.005	0.005	Ⅰ	0.004	0.004	0.004	Ⅰ	0.004	0.004	0.004	Ⅰ
2017	哈尔滨市	呼兰河口内	石油类（mg/L）		0.040	0.040	0.040	Ⅰ	0.040	0.030	0.033	Ⅰ	0.050	0.040	0.045
2017	哈尔滨市	呼兰河口内	挥发酚（mg/L）	0.000 4	0.000 3	0.000 4	Ⅰ	0.000 3	0.000 3	0.000 3	Ⅰ	0.000 3	0.000 3	0.000 3	Ⅰ
2017	哈尔滨市	呼兰河口下	pH 值（无量纲）	6.94	6.93	6.94	Ⅰ	7.65	7.36	7.47	Ⅰ	8.75	7.38	8.07	Ⅰ
2017	哈尔滨市	呼兰河口下	溶解氧（mg/L）	9.66	9.48	9.57	Ⅰ	7.54	5.42	6.78	Ⅱ	9.43	6.85	8.14	Ⅰ
2017	哈尔滨市	呼兰河口下	电导率（μs/cm）	32.50	29.20	30.85	-1	25.10	21.30	23.20	-1	27.90	18.80	23.35	-1
2017	哈尔滨市	呼兰河口下	五日生化需氧量（mg/L）	2.51	2.17	2.34	Ⅰ	3.10	2.40	2.70	Ⅰ	2.80	2.30	2.55	Ⅰ
2017	哈尔滨市	呼兰河口下	化学需氧量（mg/L）	17.1	14.7	15.9	Ⅲ	18.0	16.0	17.3	Ⅲ	17.0	16.0	16.5	Ⅲ
2017	哈尔滨市	呼兰河口下	高锰酸盐指数（mg/L）	3.83	3.77	3.80	Ⅱ	5.20	4.80	5.03	Ⅲ	4.20	3.80	4.00	Ⅱ

（续表）

年度	城市名称	断面名称	污染物	枯水期				丰水期				平水期			
				最大值	最小值	平均值	水质类别	最大值	最小值	平均值	水质类别	最大值	最小值	平均值	水质类别
2017	哈尔滨市	呼兰河口下	粪大肠菌群（个/L）	3 300	2 100	2 700	Ⅲ	2 400	790	1 530	Ⅱ	3 500	2 800	3 150	Ⅲ
2017	哈尔滨市	呼兰河口下	阴离子表面活性剂（mg/L）	0.05	0.05	0.05	Ⅰ	0.04	0.04	0.04	Ⅰ	0.04	0.04	0.04	Ⅰ
2017	哈尔滨市	呼兰河口下	汞（mg/L）	0.000 01	0.000 01	0.000 01	Ⅰ	0.000 01	0.000 01	0.000 01	Ⅰ	0.000 01	0.000 01	0.000 01	Ⅰ
2017	哈尔滨市	呼兰河口下	镉（mg/L）	0.000 1	0.000 1	0.000 1	Ⅰ	0.000 1	0.000 1	0.000 1	Ⅰ	0.000 1	0.000 1	0.000 1	Ⅰ
2017	哈尔滨市	呼兰河口下	六价铬（mg/L）	0.004	0.004	0.004	Ⅰ	0.004	0.004	0.004	Ⅰ	0.004	0.004	0.004	Ⅰ
2017	哈尔滨市	呼兰河口下	砷（mg/L）	0.000 3	0.000 3	0.000 3	Ⅰ	0.000 3	0.000 3	0.000 3	Ⅰ	0.000 3	0.000 3	0.000 3	Ⅰ
2017	哈尔滨市	呼兰河口下	铅（mg/L）	0.001	0.001	0.001	Ⅰ	0.002	0.002	0.002	Ⅰ	0.002	0.002	0.002	Ⅰ
2017	哈尔滨市	呼兰河口下	铜（mg/L）	0.001	0.001	0.001	Ⅰ	0.001	0.001	0.001	Ⅰ	0.001	0.001	0.001	Ⅰ
2017	哈尔滨市	呼兰河口下	锌（mg/L）	0.02	0.02	0.02	Ⅰ	0.05	0.05	0.05	Ⅰ	0.05	0.05	0.05	Ⅰ
2017	哈尔滨市	呼兰河口下	硒（mg/L）	0.000 4	0.000 4	0.000 4	Ⅰ	0.000 4	0.000 4	0.000 4	Ⅰ	0.000 4	0.000 4	0.000 4	Ⅰ
2017	哈尔滨市	呼兰河口下	氨氮（mg/L）	0.976	0.845	0.911	Ⅲ	0.700	0.290	0.510	Ⅲ	0.520	0.510	0.515	Ⅲ
2017	哈尔滨市	呼兰河口下	总磷（mg/L）	0.120	0.110	0.115	Ⅲ	0.180	0.080	0.143	Ⅲ	0.060	0.040	0.050	Ⅱ
2017	哈尔滨市	呼兰河口下	氰化物（mg/L）	0.002	0.002	0.002	Ⅰ	0.001	0.001	0.001	Ⅰ	0.001	0.001	0.001	Ⅰ
2017	哈尔滨市	呼兰河口下	氟化物（mg/L）	0.210	0.210	0.210	Ⅰ	0.349	0.336	0.342	Ⅰ	0.340	0.312	0.326	Ⅰ
2017	哈尔滨市	呼兰河口下	硫化物（mg/L）	0.005	0.005	0.005	Ⅰ	0.004	0.004	0.004	Ⅰ	0.004	0.004	0.004	Ⅰ
Ⅰ 2017	哈尔滨市	呼兰河口下	石油类（mg/L）		0.020	0.010	0.015	Ⅰ	0.030	0.010	0.017	Ⅰ	0.030	0.030	0.030
2017	哈尔滨市	呼兰河口下	挥发酚（mg/L）	0.000 3	0.000 3	0.000 3	Ⅰ	0.000 3	0.000 3	0.000 3	Ⅰ	0.000 3	0.000 3	0.000 3	Ⅰ
2017	哈尔滨市	大顶子山	pH 值（无量纲）	7.81	7.06	7.39	Ⅰ	7.61	7.39	7.50	Ⅰ	8.44	7.36	7.90	Ⅰ
2017	哈尔滨市	大顶子山	溶解氧（mg/L）	10.10	8.39	9.15	Ⅰ	8.43	5.59	7.30	Ⅱ	9.83	8.33	9.08	Ⅰ
2017	哈尔滨市	大顶子山	电导率（μs/cm）	33.20	23.50	29.50	-1	26.10	23.80	25.03	-1	27.00	19.50	23.25	-1

（续表）

年度	城市名称	断面名称	污染物	枯水期				丰水期				平水期			
				最大值	最小值	平均值	水质类别	最大值	最小值	平均值	水质类别	最大值	最小值	平均值	水质类别
2017	哈尔滨市	大顶子山	五日生化需氧量（mg/L）	3.10	2.42	2.76	Ⅰ	2.70	2.60	2.67	Ⅰ	2.60	2.30	2.45	Ⅰ
2017	哈尔滨市	大顶子山	化学需氧量（mg/L）	19.7	13.6	17.6	Ⅲ	18.0	16.0	17.3	Ⅲ	16.0	16.0	16.0	Ⅲ
2017	哈尔滨市	大顶子山	高锰酸盐指数（mg/L）	4.50	3.87	4.20	Ⅲ	5.30	4.40	4.73	Ⅲ	3.80	3.80	3.80	Ⅱ
2017	哈尔滨市	大顶子山	粪大肠菌群（个/L）	3 500	1 300	2 633	Ⅲ	3 500	1 400	2 433.333 333	Ⅲ	4 300	2 800	3 550	Ⅲ
2017	哈尔滨市	大顶子山	阴离子表面活性剂（mg/L）	0.05	0.05	0.05	Ⅰ	0.04	0.04	0.04	Ⅰ	0.04	0.04	0.04	Ⅰ
2017	哈尔滨市	大顶子山	汞（mg/L）	0.000 01	0.000 01	0.000 01	Ⅰ	0.000 01	0.000 01	0.000 01	Ⅰ	0.000 01	0.000 01	0.000 01	Ⅰ
2017	哈尔滨市	大顶子山	镉（mg/L）	0.000 1	0.000 1	0.000 1	Ⅰ	0.000 1	0.000 1	0.000 1	Ⅰ	0.000 1	0.000 1	0.000 1	Ⅰ
2017	哈尔滨市	大顶子山	六价铬（mg/L）	0.004	0.004	0.004	Ⅰ	0.004	0.004	0.004	Ⅰ	0.004	0.004	0.004	Ⅰ
2017	哈尔滨市	大顶子山	砷（mg/L）	0.000 3	0.000 3	0.000 3	Ⅰ	0.000 3	0.000 3	0.000 3	Ⅰ	0.000 3	0.000 3	0.000 3	Ⅰ
2017	哈尔滨市	大顶子山	铅（mg/L）	0.001	0.001	0.001	Ⅰ	0.002	0.002	0.002	Ⅰ	0.002	0.002	0.002	Ⅰ
2017	哈尔滨市	大顶子山	铜（mg/L）	0.001	0.001	0.001	Ⅰ	0.001	0.001	0.001	Ⅰ	0.001	0.001	0.001	Ⅰ
2017	哈尔滨市	大顶子山	锌（mg/L）	0.02	0.02	0.02	Ⅰ	0.05	0.05	0.05	Ⅰ	0.05	0.05	0.05	Ⅰ
2017	哈尔滨市	大顶子山	硒（mg/L）	0.000 4	0.000 4	0.000 4	Ⅰ	0.000 4	0.000 4	0.000 4	Ⅰ	0.000 4	0.000 4	0.000 4	Ⅰ
2017	哈尔滨市	大顶子山	氨氮（mg/L）	1.150	0.783	0.972	Ⅲ	0.470	0.350	0.397	Ⅱ	0.560	0.510	0.535	Ⅲ
2017	哈尔滨市	大顶子山	总磷（mg/L）	0.080	0.080	0.080	Ⅱ	0.160	0.060	0.123	Ⅲ	0.080	0.050	0.065	Ⅱ
2017	哈尔滨市	大顶子山	氰化物（mg/L）	0.002	0.002	0.002	Ⅰ	0.001	0.001	0.001	Ⅰ	0.001	0.001	0.001	Ⅰ
2017	哈尔滨市	大顶子山	氟化物（mg/L）	0.240	0.220	0.227	Ⅰ	0.318	0.296	0.306	Ⅰ	0.290	0.254	0.272	Ⅰ
2017	哈尔滨市	大顶子山	硫化物（mg/L）	0.005	0.005	0.005	Ⅰ	0.004	0.004	0.004	Ⅰ	0.004	0.004	0.004	Ⅰ
Ⅰ 2017	哈尔滨市	大顶子山	石油类（mg/L）		0.02	0.01	0.02	Ⅰ	0.03	0.01	0.02	Ⅰ	0.04	0.02	0.03
2017	哈尔滨市	大顶子山	挥发酚（mg/L）	0.000 3	0.000 3	0.000 3	Ⅰ	0.000 3	0.000 3	0.000 3	Ⅰ	0.000 3	0.000 3	0.000 3	Ⅰ

2018 年水质状况

年度	城市名称	断面名称	污染物	枯水期				丰水期				平水期			
				最大值	最小值	平均值	水质类别	最大值	最小值	平均值	水质类别	最大值	最小值	平均值	水质类别
2018	齐齐哈尔市	拉哈	pH 值（无量纲）	7.06	6.79	6.93	Ⅰ	7.59	7.05	7.26	Ⅰ	7.55	6.73	7.27	Ⅰ
2018	齐齐哈尔市	拉哈	溶解氧（mg/L）	10.70	9.64	10.17	Ⅰ	8.25	7.55	7.78	Ⅰ	11.80	9.90	11.03	Ⅰ
2018	齐齐哈尔市	拉哈	电导率（μs/cm）	34.4	14.2	24.3	-1	13.3	10.9	12.3	-1	14.5	13.3	13.8	-1
2018	齐齐哈尔市	拉哈	五日生化需氧量（mg/L）	2.6	2.2	2.4	Ⅰ	2.2	0.6	1.6	Ⅰ	2.2	2.0	2.07	Ⅰ
2018	齐齐哈尔市	拉哈	化学需氧量（mg/L）	23.50	18.00	20.75	Ⅳ	24.00	18.00	21.00	Ⅳ	19.00	15.00	16.33	Ⅲ
2018	齐齐哈尔市	拉哈	高锰酸盐指数（mg/L）	6.00	5.65	5.83	Ⅲ	7.00	4.60	6.13	Ⅳ	5.80	4.80	5.37	Ⅲ
2018	齐齐哈尔市	拉哈	粪大肠菌群（个/L）	-1	-1	-1	-1	-1	-1	-1	-1	-1	-1	-1	-1
2018	齐齐哈尔市	拉哈	阴离子表面活性剂（mg/L）	0.025	0.02	0.022 5	Ⅰ	0.02	0.02	0.02	Ⅰ	0.02	0.02	0.02	Ⅰ
2018	齐齐哈尔市	拉哈	汞（mg/L）	0.000 02	0.000 02	0.000 02	Ⅰ	0.000 02	0.000 005	0.000 015	Ⅰ	0.000 02	0.000 02	0.000 02	Ⅰ
2018	齐齐哈尔市	拉哈	镉（mg/L）	0.000 05	0.000 05	0.000 05	Ⅰ	0.000 05	0.000 05	0.000 05	Ⅰ	0.000 05	0.000 05	0.000 05	Ⅰ
2018	齐齐哈尔市	拉哈	六价铬（mg/L）	0.002	0.002	0.002	Ⅰ	0.024	0.002	0.009	Ⅰ	0.002	0.002	0.002	Ⅰ
2018	齐齐哈尔市	拉哈	砷（mg/L）	0.000 2	0.000 2	0.000 2	Ⅰ	0.000 8	0.000 2	0.000 4	Ⅰ	0.000 2	0.000 2	0.000 2	Ⅰ
2018	齐齐哈尔市	拉哈	铅（mg/L）	0.001	0.001	0.001	Ⅰ	0.001	0.001	0.001	Ⅰ	0.001	0.001	0.001	Ⅰ
2018	齐齐哈尔市	拉哈	铜（mg/L）	0.002 2	0.002 0	0.002 1	Ⅰ	0.000 5	0.000 5	0.000 5	Ⅰ	0.002 0	0.000 5	0.001 0	Ⅰ
2018	齐齐哈尔市	拉哈	锌（mg/L）	0.025	0.020	0.023	Ⅰ	0.020	0.020	0.020	Ⅰ	0.020	0.020	0.020	Ⅰ
2018	齐齐哈尔市	拉哈	硒（mg/L）	0.000 2	0.000 2	0.000 2	Ⅰ	0.000 2	0.000 2	0.000 2	Ⅰ	0.000 2	0.000 2	0.000 2	Ⅰ
2018	齐齐哈尔市	拉哈	氨氮（mg/L）	0.160	0.125	0.143	Ⅰ	0.270	0.110	0.200	Ⅱ	0.350	0.260	0.310	Ⅱ
2018	齐齐哈尔市	拉哈	总磷（mg/L）	0.080	0.050	0.065	Ⅱ	0.130	0.060	0.097	Ⅱ	0.100	0.020	0.053	Ⅱ
2018	齐齐哈尔市	拉哈	氰化物（mg/L）	0.002	0.002	0.002	Ⅰ	0.002	0.002	0.002	Ⅰ	0.002	0.002	0.002	Ⅰ
2018	齐齐哈尔市	拉哈	氟化物（mg/L）	0.246	0.240	0.243	Ⅰ	0.240	0.15	0.193	Ⅰ	0.200	0.060	0.117	Ⅰ
2018	齐齐哈尔市	拉哈	硫化物（mg/L）	0.003	0.002	0.002 5	Ⅰ	0.002	0.002	0.002	Ⅰ	0.002	0.002	0.002	Ⅰ

（续表）

年度	城市名称	断面名称	污染物	枯水期				丰水期				平水期			
				最大值	最小值	平均值	水质类别	最大值	最小值	平均值	水质类别	最大值	最小值	平均值	水质类别
Ⅰ 2018	齐齐哈尔市	拉哈	石油类（mg/L）		0.005	0.005	0.005	Ⅰ	0.04	0.005	0.025	Ⅰ	0.07	0.005	0.037 5
2018	齐齐哈尔市	拉哈	挥发酚（mg/L）	0.002 2	0.000 7	0.001 5	Ⅰ	0.000 5	0.000 2	0.000 3	Ⅰ	0.002 8	0.000 2	0.001 1	Ⅰ
2018	齐齐哈尔市	江桥	pH值（无量纲）	7.89	7.05	7.50	Ⅰ	7.74	7.01	7.37	Ⅰ	8.98	7.08	8.03	Ⅰ
2018	齐齐哈尔市	江桥	溶解氧（mg/L）	10.71	8.57	9.55	Ⅰ	8.35	6.40	7.47	Ⅱ	10.65	9.3	9.98	Ⅰ
2018	齐齐哈尔市	江桥	电导率（μs/cm）	27.10	19.70	23.07	-1	16.45	13.35	15.23	-1	15.00	14.90	14.95	-1
2018	齐齐哈尔市	江桥	五日生化需氧量（mg/L）	2.40	2.15	2.27	Ⅰ	1.40	0.80	1.07	Ⅰ	1.20	1.00	1.10	Ⅰ
2018	齐齐哈尔市	江桥	化学需氧量（mg/L）	18.5	15.0	17.0	Ⅲ	28.0	21.0	24.7	Ⅳ	22.0	14.0	18.0	Ⅲ
2018	齐齐哈尔市	江桥	高锰酸盐指数（mg/L）	5.60	5.00	5.35	Ⅲ	6.40	4.80	5.47	Ⅲ	7.00	5.40	6.20	Ⅳ
2018	齐齐哈尔市	江桥	粪大肠菌群（个/L）	-1	-1	-1	-1	-1	-1	-1	-1	-1	-1	-1	-1
2018	齐齐哈尔市	江桥	阴离子表面活性剂（mg/L）	0.025	0.020	0.023	Ⅰ	0.020	0.020	0.020	Ⅰ	0.020	0.020	0.020	Ⅰ
2018	齐齐哈尔市	江桥	汞（mg/L）	0.000 02	0.000 02	0.000 02	Ⅰ	0.000 02	0.000 02	0.000 02	Ⅰ	0.000 02	0.000 02	0.000 02	Ⅰ
2018	齐齐哈尔市	江桥	镉（mg/L）	0.000 05	0.000 05	0.000 05	Ⅰ	0.000 05	0.000 05	0.000 05	Ⅰ	0.000 05	0.000 05	0.000 05	Ⅰ
2018	齐齐哈尔市	江桥	六价铬（mg/L）	0.002	0.002	0.002	Ⅰ	0.002	0.002	0.002	Ⅰ	0.002	0.002	0.002	Ⅰ
2018	齐齐哈尔市	江桥	砷（mg/L）	0.001 0	0.000 6	0.000 9	Ⅰ	0.002 2	0.001 4	0.001 8	Ⅰ	0.001 3	0.001 2	0.001 3	Ⅰ
2018	齐齐哈尔市	江桥	铅（mg/L）	0.001	0.001	0.001	Ⅰ	0.001	0.001	0.001	Ⅰ	0.001	0.001	0.001	Ⅰ
2018	齐齐哈尔市	江桥	铜（mg/L）	0.000 5	0.000 5	0.000 5	Ⅰ	0.000 5	0.000 5	0.000 5	Ⅰ	0.000 5	0.000 5	0.000 5	Ⅰ
2018	齐齐哈尔市	江桥	锌（mg/L）	0.025	0.020	0.023	Ⅰ	0.020	0.020	0.020	Ⅰ	0.020	0.020	0.020	Ⅰ
2018	齐齐哈尔市	江桥	硒（mg/L）	0.000 2	0.000 2	0.000 2	Ⅰ	0.000 2	0.000 2	0.000 2	Ⅰ	0.000 2	0.000 2	0.000 2	Ⅰ
2018	齐齐哈尔市	江桥	氨氮（mg/L）	0.54	0.40	0.49	Ⅱ	0.76	0.50	0.63	Ⅲ	0.32	0.24	0.28	Ⅱ
2018	齐齐哈尔市	江桥	总磷（mg/L）	0.105	0.070	0.082	Ⅱ	0.160	0.120	0.140	Ⅲ	0.100	0.060	0.080	Ⅱ

（续表）

年度	城市名称	断面名称	污染物	枯水期				丰水期				平水期			
				最大值	最小值	平均值	水质类别	最大值	最小值	平均值	水质类别	最大值	最小值	平均值	水质类别
2018	齐齐哈尔市	江桥	氰化物（mg/L）	0.000 5	0.000 5	0.000 5	Ⅰ	0.000 5	0.000 5	0.000 5	Ⅰ	0.000 5	0.000 5	0.000 5	Ⅰ
2018	齐齐哈尔市	江桥	氟化物（mg/L）	0.473 0	0.380	0.426	Ⅰ	0.380	0.360	0.373	Ⅰ	0.440	0.380	0.410	Ⅰ
2018	齐齐哈尔市	江桥	硫化物（mg/L）	0.003	0.002	0.003	Ⅰ	0.002	0.002	0.002	Ⅰ	0.002	0.002	0.002	Ⅰ
Ⅰ 2018	齐齐哈尔市	江桥	石油类（mg/L）		0.005	0.005	0.005	Ⅰ	0.005	0.005	0.005	Ⅰ	0.005	0.005	0.005
2018	齐齐哈尔市	江桥	挥发酚（mg/L）	0.000 2	0.000 2	0.000 2	Ⅰ	0.000 2	0.000 2	0.000 2	Ⅰ	0.000 2	0.000 2	0.000 2	Ⅰ
2018	大庆市	嫩江口内	pH 值（无量纲）	8.62	6.92	7.66	Ⅰ	7.69	7.20	7.37	Ⅰ	7.40	7.33	7.37	Ⅰ
2018	大庆市	嫩江口内	溶解氧（mg/L）	14.23	12.70	13.62	Ⅰ	7.62	5.82	6.79	Ⅱ	9.31	8.90	9.11	Ⅰ
2018	大庆市	嫩江口内	电导率（μs/cm）	28.1	21.2	25.5	-1	15.7	14.8	15.2	-1	18.7	14.5	16.6	-1
2018	大庆市	嫩江口内	五日生化需氧量（mg/L）	3.47	1.10	2.09	Ⅰ	2.50	0.70	1.37	Ⅰ	3.70	2.40	3.05	Ⅲ
2018	大庆市	嫩江口内	化学需氧量（mg/L）	25.33	16.00	19.22	Ⅲ	16.00	13.00	14.67	Ⅰ	28.00	16.00	22.00	Ⅳ
2018	大庆市	嫩江口内	高锰酸盐指数（mg/L）	4.93	4.27	4.60	Ⅲ	5.30	4.60	4.83	Ⅲ	5.30	3.70	4.50	Ⅲ
2018	大庆市	嫩江口内	粪大肠菌群（个/L）	-1	-1	-1	-1	-1	-1	-1	-1	-1	-1	-1	-1
2018	大庆市	嫩江口内	阴离子表面活性剂（mg/L）	0.02	0.02	0.02	Ⅰ	0.02	0.02	0.02	Ⅰ	0.02	0.02	0.02	Ⅰ
2018	大庆市	嫩江口内	汞（mg/L）	0.000 02	0.000 02	0.000 02	Ⅰ	0.000 02	0.000 02	0.000 02	Ⅰ	0.000 02	0.000 02	0.000 02	Ⅰ
2018	大庆市	嫩江口内	镉（mg/L）	0.000 05	0.000 05	0.000 05	Ⅰ	0.000 05	0.000 05	0.000 05	Ⅰ	0.000 05	0.000 05	0.000 05	Ⅰ
2018	大庆市	嫩江口内	六价铬（mg/L）	0.002	0.002	0.002	Ⅰ	0.002	0.002	0.002	Ⅰ	0.002	0.002	0.002	Ⅰ
2018	大庆市	嫩江口内	砷（mg/L）	0.000 4	0.000 2	0.000 2	Ⅰ	0.000 6	0.000 2	0.000 3	Ⅰ	0.000 6	0.000 2	0.000 4	Ⅰ
2018	大庆市	嫩江口内	铅（mg/L）	0.001	0.001	0.001	Ⅰ	0.001	0.001	0.001	Ⅰ	0.001	0.001	0.001	Ⅰ
2018	大庆市	嫩江口内	铜（mg/L）	0.000 5	0.000 5	0.000 5	Ⅰ	0.000 5	0.000 5	0.000 5	Ⅰ	0.000 5	0.000 5	0.000 5	Ⅰ
2018	大庆市	嫩江口内	锌（mg/L）	0.025	0.020	0.023	Ⅰ	0.020	0.020	0.020	Ⅰ	0.020	0.020	0.020	Ⅰ

（续表）

年度	城市名称	断面名称	污染物	枯水期				丰水期				平水期			
				最大值	最小值	平均值	水质类别	最大值	最小值	平均值	水质类别	最大值	最小值	平均值	水质类别
2018	大庆市	嫩江口内	硒（mg/L）	0.000 2	0.000 2	0.000 2	Ⅰ	0.000 2	0.000 2	0.000 2	Ⅰ	0.000 2	0.000 2	0.000 2	Ⅰ
2018	大庆市	嫩江口内	氨氮（mg/L）	0.667	0.157	0.351	Ⅱ	0.340	0.060	0.163	Ⅱ	0.190	0.150	0.170	Ⅱ
2018	大庆市	嫩江口内	总磷（mg/L）	0.070	0.050	0.061	Ⅱ	0.190	0.100	0.150	Ⅲ	0.080	0.050	0.065	Ⅱ
2018	大庆市	嫩江口内	氰化物（mg/L）	0.000 5	0.000 5	0.000 5	Ⅰ	0.002	0.000 5	0.001	Ⅰ	0.000 5	0.000 5	0.000 5	Ⅰ
2018	大庆市	嫩江口内	氟化物（mg/L）	0.327	0.296	0.311	Ⅰ	0.360	0.170	0.290	Ⅰ	0.240	0.240	0.240	Ⅰ
2018	大庆市	嫩江口内	硫化物（mg/L）	0.003	0.002	0.002	Ⅰ	0.002	0.002	0.002	Ⅰ	0.013	0.002	0.008	Ⅰ
Ⅰ 2018	大庆市	嫩江口内	石油类（mg/L）		0.010	0.005	0.007	Ⅰ	0.005	0.005	0.005	Ⅰ	0.010	0.005	0.008
2018	大庆市	嫩江口内	挥发酚（mg/L）	0.000 2	0.000 2	0.000 2	Ⅰ	0.001 0	0.000 2	0.000 7	Ⅰ	0.001 0	0.000 2	0.000 6	Ⅰ
2018	哈尔滨市	朱顺屯	pH 值（无量纲）	7.92	7.25	7.52	Ⅰ	7.85	7.54	7.72	Ⅰ	9.54	8.03	8.79	Ⅰ
2018	哈尔滨市	朱顺屯	溶解氧（mg/L）	12.14	10.85	11.41	Ⅰ	8.30	6.67	7.39	Ⅱ	9.83	6.83	8.33	Ⅰ
2018	哈尔滨市	朱顺屯	电导率（μs/cm）	39.20	35.10	36.97	-1	23.50	19.52	20.95	-1	25.60	25.50	25.55	-1
2018	哈尔滨市	朱顺屯	五日生化需氧量（mg/L）	3.07	2.40	2.77	Ⅰ	2.30	0.80	1.80	Ⅰ	2.30	2.20	2.25	Ⅰ
2018	哈尔滨市	朱顺屯	化学需氧量（mg/L）	29.83	16.00	21.89	Ⅳ	16.00	16.00	16.00	Ⅲ	21.00	16.00	18.50	Ⅲ
2018	哈尔滨市	朱顺屯	高锰酸盐指数（mg/L）	4.47	4.00	4.27	Ⅲ	4.90	4.40	4.67	Ⅲ	5.70	4.70	5.20	Ⅲ
2018	哈尔滨市	朱顺屯	粪大肠菌群（个/L）	-1	-1	-1	-1	-1	-1	-1	-1	-1	-1	-1	-1
2018	哈尔滨市	朱顺屯	阴离子表面活性剂（mg/L）	0.025	0.020	0.023	Ⅰ	0.020	0.020	0.020	Ⅰ	0.020	0.020	0.020	Ⅰ
2018	哈尔滨市	朱顺屯	汞（mg/L）	0.000 02	0.000 02	0.000 02	Ⅰ	0.000 02	0.000 02	0.000 02	Ⅰ	0.000 02	0.000 02	0.000 02	Ⅰ
2018	哈尔滨市	朱顺屯	镉（mg/L）	0.000 05	0.000 05	0.000 05	Ⅰ	0.000 05	0.000 05	0.000 05	Ⅰ	0.000 05	0.000 05	0.000 05	Ⅰ
2018	哈尔滨市	朱顺屯	六价铬（mg/L）	0.002	0.002	0.002	Ⅰ	0.012	0.002	0.005	Ⅰ	0.002	0.002	0.002	Ⅰ
2018	哈尔滨市	朱顺屯	砷（mg/L）	0.000 65	0.000 57	0.000 61	Ⅰ	0.000 20	0.000 20	0.000 20	Ⅰ	0.000 20	0.000 20	0.000 20	Ⅰ

（续表）

年度	城市名称	断面名称	污染物	枯水期				丰水期				平水期			
				最大值	最小值	平均值	水质类别	最大值	最小值	平均值	水质类别	最大值	最小值	平均值	水质类别
2018	哈尔滨市	朱顺屯	铅（mg/L）	0.001	0.001	0.001	Ⅰ	0.001	0.001	0.001	Ⅰ	0.001	0.001	0.001	Ⅰ
2018	哈尔滨市	朱顺屯	铜（mg/L）	0.000 5	0.000 5	0.000 5	Ⅰ	0.000 5	0.000 5	0.000 5	Ⅰ	0.000 5	0.000 5	0.000 5	Ⅰ
2018	哈尔滨市	朱顺屯	锌（mg/L）	0.025	0.020	0.023	Ⅰ	0.020	0.020	0.020	Ⅰ	0.020	0.020	0.020	Ⅰ
2018	哈尔滨市	朱顺屯	硒（mg/L）	0.000 2	0.000 2	0.000 2	Ⅰ	0.000 2	0.000 2	0.000 2	Ⅰ	0.000 2	0.000 2	0.000 2	Ⅰ
2018	哈尔滨市	朱顺屯	氨氮（mg/L）	1.235	0.990	1.100	Ⅳ	0.250	0.070	0.183	Ⅱ	0.280	0.230	0.255	Ⅱ
2018	哈尔滨市	朱顺屯	总磷（mg/L）	0.090	0.078	0.083	Ⅱ	0.150	0.120	0.137	Ⅲ	0.090	0.020	0.055	Ⅱ
2018	哈尔滨市	朱顺屯	氰化物（mg/L）	0.002 0	0.002 0	0.002 0	Ⅰ	0.002 0	0.000 5	0.001 5	Ⅰ	0.002 0	0.002 0	0.002 0	Ⅰ
2018	哈尔滨市	朱顺屯	氟化物（mg/L）	0.293	0.130	0.193	Ⅰ	0.410	0.230	0.340	Ⅰ	0.120	0.080	0.100	Ⅰ
2018	哈尔滨市	朱顺屯	硫化物（mg/L）	0.003	0.002	0.003	Ⅰ	0.002	0.002	0.002	Ⅰ	0.002	0.002	0.002	Ⅰ
Ⅳ 2018	哈尔滨市	朱顺屯	石油类（mg/L）		0.187	0.020	0.076	Ⅳ	0.040	0.005	0.028	Ⅰ	0.060	0.060	0.060
2018	哈尔滨市	朱顺屯	挥发酚（mg/L）	0.000 2	0.000 2	0.000 2	Ⅰ	0.001 0	0.000 2	0.000 5	Ⅰ	0.000 2	0.000 2	0.000 2	Ⅰ
2018	哈尔滨市	呼兰河口内	pH 值（无量纲）	7.330	7.150	7.247	Ⅰ	7.500	7.000	7.313	Ⅰ	8.220	7.640	7.930	Ⅰ
2018	哈尔滨市	呼兰河口内	溶解氧（mg/L）	8.90	8.43	8.70	Ⅰ	6.50	2.47	4.87	Ⅳ	9.17	7.68	8.43	Ⅰ
2018	哈尔滨市	呼兰河口内	电导率（μs/cm）	19.0	15.9	17.9	-1	37.0	15.0	27.0	-1	103.0	30.8	66.9	-1
2018	哈尔滨市	呼兰河口内	五日生化需氧量（mg/L）	4.10	3.47	3.80	Ⅲ	4.20	1.90	2.93	Ⅰ	4.90	3.40	4.15	Ⅳ
2018	哈尔滨市	呼兰河口内	化学需氧量（mg/L）	39.50	23.67	29.06	Ⅳ	23.00	18.00	20.00	Ⅲ	44.00	27.00	35.50	Ⅴ
2018	哈尔滨市	呼兰河口内	高锰酸盐指数（mg/L）	4.80	4.03	4.45	Ⅲ	6.90	5.40	6.00	Ⅲ	7.20	6.90	7.05	Ⅳ
2018	哈尔滨市	呼兰河口内	粪大肠菌群（个/L）	-1	-1	-1	-1	-1	-1	-1	-1	-1	-1	-1	-1
2018	哈尔滨市	呼兰河口内	阴离子表面活性剂（mg/L）	0.025	0.020	0.023	Ⅰ	0.020	0.020	0.020	Ⅰ	0.020	0.020	0.020	Ⅰ
2018	哈尔滨市	呼兰河口内	汞（mg/L）	0.000 02	0.000 02	0.000 02	Ⅰ	0.000 02	0.000 02	0.000 02	Ⅰ	0.000 02	0.000 02	0.000 02	Ⅰ

（续表）

年度	城市名称	断面名称	污染物	枯水期				丰水期				平水期			
				最大值	最小值	平均值	水质类别	最大值	最小值	平均值	水质类别	最大值	最小值	平均值	水质类别
2018	哈尔滨市	呼兰河口内	镉（mg/L）	0.000 05	0.000 05	0.000 05	Ⅰ	0.000 05	0.000 05	0.000 05	Ⅰ	0.000 05	0.000 05	0.000 05	Ⅰ
2018	哈尔滨市	呼兰河口内	六价铬（mg/L）	0.002	0.002	0.002	Ⅰ	0.002	0.002	0.002	Ⅰ	0.002	0.002	0.002	Ⅰ
2018	哈尔滨市	呼兰河口内	砷（mg/L）	0.001 4	0.000 5	0.000 9	Ⅰ	0.001 0	0.000 2	0.000 5	Ⅰ	0.000 9	0.000 2	0.000 6	Ⅰ
2018	哈尔滨市	呼兰河口内	铅（mg/L）	0.001	0.001	0.001	Ⅰ	0.001	0.001	0.001	Ⅰ	0.001	0.001	0.001	Ⅰ
2018	哈尔滨市	呼兰河口内	铜（mg/L）	0.000 5	0.000 5	0.000 5	Ⅰ	0.000 5	0.000 5	0.000 5	Ⅰ	0.000 5	0.000 5	0.000 5	Ⅰ
2018	哈尔滨市	呼兰河口内	锌（mg/L）	0.025	0.020	0.023	Ⅰ	0.020	0.020	0.020	Ⅰ	0.020	0.020	0.020	Ⅰ
2018	哈尔滨市	呼兰河口内	硒（mg/L）	0.000 2	0.000 2	0.000 2	Ⅰ	0.000 2	0.000 2	0.000 2	Ⅰ	0.000 2	0.000 2	0.000 2	Ⅰ
2018	哈尔滨市	呼兰河口内	氨氮（mg/L）	4.42	2.25	3.64	劣Ⅴ	0.51	0.29	0.37	Ⅱ	2.65	0.98	1.82	Ⅴ
2018	哈尔滨市	呼兰河口内	总磷（mg/L）	0.297	0.210	0.253	Ⅳ	0.210	0.180	0.193	Ⅲ	0.280	0.250	0.265	Ⅳ
2018	哈尔滨市	呼兰河口内	氰化物（mg/L）	0.002 0	0.002 0	0.002 0	Ⅰ	0.000 5	0.000 5	0.000 5	Ⅰ	0.000 5	0.000 5	0.000 5	Ⅰ
2018	哈尔滨市	呼兰河口内	氟化物（mg/L）	0.158	0.111	0.140	Ⅰ	0.450	0.230	0.357	Ⅰ	1.320	0.360	0.840	Ⅰ
2018	哈尔滨市	呼兰河口内	硫化物（mg/L）	0.003 0	0.002 0	0.002 7	Ⅰ	0.002 0	0.002 0	0.002 0	Ⅰ	0.003 0	0.002 0	0.002 5	Ⅰ
Ⅰ 2018	哈尔滨市	呼兰河口内	石油类（mg/L）		0.207	0.020	0.089	Ⅳ	0.005	0.005	0.005	Ⅰ	0.005	0.005	0.005
2018	哈尔滨市	呼兰河口内	挥发酚（mg/L）	0.000 2	0.000 2	0.000 2	Ⅰ	0.001 0	0.001 0	0.001 0	Ⅰ	0.002 8	0.001	0.001 9	Ⅰ
2018	哈尔滨市	呼兰河口下	pH 值（无量纲）	7.340	7.130	7.235	Ⅰ	7.710	6.910	7.377	Ⅰ	7.980	7.090	7.535	Ⅰ
2018	哈尔滨市	呼兰河口下	溶解氧（mg/L）	12.10	9.76	10.93	Ⅰ	9.07	4.13	5.96	Ⅲ	7.61	6.63	7.12	Ⅱ
2018	哈尔滨市	呼兰河口下	电导率（μs/cm）	37.1	35.3	36.2	-1	22.6	11.3	17.9	-1	26.9	26.9	26.9	-1
2018	哈尔滨市	呼兰河口下	五日生化需氧量（mg/L）	2.80	1.98	2.39	Ⅰ	3.90	1.40	2.50	Ⅰ	4.30	4.30	4.30	Ⅳ
2018	哈尔滨市	呼兰河口下	化学需氧量（mg/L）	21.0	16.0	18.50	Ⅲ	24.0	20.0	22.0	Ⅳ	22.0	20.0	21.0	Ⅳ
2018	哈尔滨市	呼兰河口下	高锰酸盐指数（mg/L）	4.8	4.6	4.7	Ⅲ	6.0	4.1	5.4	Ⅲ	7.5	7.5	7.5	Ⅳ

（续表）

年度	城市名称	断面名称	污染物	枯水期				丰水期				平水期			
				最大值	最小值	平均值	水质类别	最大值	最小值	平均值	水质类别	最大值	最小值	平均值	水质类别
2018	哈尔滨市	呼兰河口下	粪大肠菌群（个/L）	2 400	700	1 550	Ⅱ	5 400	5 400	5 400	Ⅲ	2 800	2 800	2 800	Ⅲ
2018	哈尔滨市	呼兰河口下	阴离子表面活性剂（mg/L）	0.04	0.04	0.04	Ⅰ	0.05	0.05	0.05	Ⅰ	0.04	0.04	0.04	Ⅰ
2018	哈尔滨市	呼兰河口下	汞（mg/L）	0.000 04	0.000 04	0.000 04	Ⅰ	0.000 04	0.000 04	0.000 04	Ⅰ	0.000 04	0.000 04	0.000 04	Ⅰ
2018	哈尔滨市	呼兰河口下	镉（mg/L）	0.000 1	0.000 1	0.000 1	Ⅰ	0.000 1	0.000 1	0.000 1	Ⅰ	0.000 1	0.000 1	0.000 1	Ⅰ
2018	哈尔滨市	呼兰河口下	六价铬（mg/L）	0.004	0.004	0.004	Ⅰ	0.004	0.004	0.004	Ⅰ	0.004	0.004	0.004	Ⅰ
2018	哈尔滨市	呼兰河口下	砷（mg/L）	0.000 3	0.000 3	0.000 3	Ⅰ	0.000 3	0.000 3	0.000 3	Ⅰ	0.000 3	0.000 3	0.000 3	Ⅰ
2018	哈尔滨市	呼兰河口下	铅（mg/L）	0.002	0.002	0.002	Ⅰ	0.002	0.001	0.001 666 667	Ⅰ	0.001	0.001	0.001	Ⅰ
2018	哈尔滨市	呼兰河口下	铜（mg/L）	-1	-1	-1	-1	-1	-1	-1	-1	-1	-1	-1	-1
2018	哈尔滨市	呼兰河口下	锌（mg/L）	-1	-1	-1	-1	-1	-1	-1	-1	-1	-1	-1	-1
2018	哈尔滨市	呼兰河口下	硒（mg/L）	0.000 4	0.000 4	0.000 4	Ⅰ	0.000 4	0.000 4	0.000 4	Ⅰ	0.000 4	0.000 4	0.000 4	Ⅰ
2018	哈尔滨市	呼兰河口下	氨氮（mg/L）	1.340	1.340	1.340	Ⅳ	0.070	0.050	0.057	Ⅰ	0.710	0.400	0.555	Ⅲ
2018	哈尔滨市	呼兰河口下	总磷（mg/L）	0.160	0.110	0.135	Ⅲ	0.160	0.140	0.147	Ⅲ	0.150	0.120	0.135	Ⅲ
2018	哈尔滨市	呼兰河口下	氰化物（mg/L）	0.001	0.001	0.001	Ⅰ	0.001	0.001	0.001	Ⅰ	0.001	0.001	0.001	Ⅰ
2018	哈尔滨市	呼兰河口下	氟化物（mg/L）	0.321	0.293	0.307	Ⅰ	0.391	0.236	0.308	Ⅰ	0.346	0.287	0.317	Ⅰ
2018	哈尔滨市	呼兰河口下	硫化物（mg/L）	0.004	0.004	0.004	Ⅰ	0.005	0.005	0.005	Ⅰ	0.004	0.004	0.004	Ⅰ
Ⅰ 2018	哈尔滨市	呼兰河口下	石油类（mg/L）		0.01	0.01	0.01	Ⅰ	0.01	0.01	0.01	Ⅰ	0.01	0.01	0.01
2018	哈尔滨市	呼兰河口下	挥发酚（mg/L）	0.000 3	0.000 3	0.000 3	Ⅰ	0.002 0	0.002 0	0.002 0	Ⅰ	0.000 3	0.000 3	0.000 3	Ⅰ
2018	哈尔滨市	大顶子山	pH 值（无量纲）	7.56	6.83	7.12	Ⅰ	7.68	7.45	7.56	Ⅰ	7.93	7.65	7.79	Ⅰ
2018	哈尔滨市	大顶子山	溶解氧（mg/L）	14.4	8.24	11.89	Ⅰ	7.63	6.13	6.93	Ⅱ	9.00	8.07	8.54	Ⅰ
2018	哈尔滨市	大顶子山	电导率（μs/cm）	42.10	23.30	29.63	-1	23.73	20.22	22.02	-1	34.50	27.60	31.05	-1

（续表）

年度	城市名称	断面名称	污染物	枯水期				丰水期				平水期			
				最大值	最小值	平均值	水质类别	最大值	最小值	平均值	水质类别	最大值	最小值	平均值	水质类别
2018	哈尔滨市	大顶子山	五日生化需氧量（mg/L）	4.3	3.1	3.7	Ⅲ	2.4	2.2	2.3	Ⅰ	2.3	2.1	2.2	Ⅰ
2018	哈尔滨市	大顶子山	化学需氧量（mg/L）	27.67	16.00	22.14	Ⅳ	19.00	17.00	17.67	Ⅲ	14.00	13.00	13.50	Ⅰ
2018	哈尔滨市	大顶子山	高锰酸盐指数（mg/L）	5.57	4.40	4.79	Ⅲ	5.50	4.40	4.87	Ⅲ	5.00	4.60	4.80	Ⅲ
2018	哈尔滨市	大顶子山	粪大肠菌群（个/L）	-1	-1	-1	-1	-1	-1	-1	-1	-1	-1	-1	-1
2018	哈尔滨市	大顶子山	阴离子表面活性剂（mg/L）	0.025	0.020	0.023	Ⅰ	0.020	0.020	0.020	Ⅰ	0.020	0.020	0.020	Ⅰ
2018	哈尔滨市	大顶子山	汞（mg/L）	0.000 02	0.000 02	0.000 02	Ⅰ	0.000 02	0.000 02	0.000 02	Ⅰ	0.000 02	0.000 02	0.000 02	Ⅰ
2018	哈尔滨市	大顶子山	镉（mg/L）	0.000 05	0.000 05	0.000 05	Ⅰ	0.000 05	0.000 05	0.000 05	Ⅰ	0.000 05	0.000 05	0.000 05	Ⅰ
2018	哈尔滨市	大顶子山	六价铬（mg/L）	0.002	0.002	0.002	Ⅰ	0.011	0.002	0.005	Ⅰ	0.002	0.002	0.002	Ⅰ
2018	哈尔滨市	大顶子山	砷（mg/L）	0.000 6	0.000 5	0.000 6	Ⅰ	0.000 2	0.000 2	0.000 2	Ⅰ	0.000 2	0.000 2	0.000 2	Ⅰ
2018	哈尔滨市	大顶子山	铅（mg/L）	0.001	0.001	0.001	Ⅰ	0.001	0.001	0.001	Ⅰ	0.001	0.001	0.001	Ⅰ
2018	哈尔滨市	大顶子山	铜（mg/L）	0.000 5	0.000 5	0.000 5	Ⅰ	0.000 5	0.000 5	0.000 5	Ⅰ	0.000 5	0.000 5	0.000 5	Ⅰ
2018	哈尔滨市	大顶子山	锌（mg/L）	0.025	0.020	0.023	Ⅰ	0.020	0.020	0.020	Ⅰ	0.020	0.020	0.020	Ⅰ
2018	哈尔滨市	大顶子山	硒（mg/L）	0.000 2	0.000 2	0.000 2	Ⅰ	0.000 2	0.000 2	0.000 2	Ⅰ	0.000 2	0.000 2	0.000 2	Ⅰ
2018	哈尔滨市	大顶子山	氨氮（mg/L）	1.537	1.453	1.490	Ⅳ	0.320	0.290	0.310	Ⅱ	0.780	0.680	0.730	Ⅲ
2018	哈尔滨市	大顶子山	总磷（mg/L）	0.173	0.120	0.142	Ⅲ	0.140	0.120	0.130	Ⅲ	0.100	0.090	0.095	Ⅱ
2018	哈尔滨市	大顶子山	氰化物（mg/L）	0.002	0.002	0.002	Ⅰ	0.002	0.002	0.002	Ⅰ	0.002	0.002	0.002	Ⅰ
2018	哈尔滨市	大顶子山	氟化物（mg/L）	0.392	0.170	0.262 3	Ⅰ	0.4.00	0.28	0.35	Ⅰ	0.120	0.070	0.095	Ⅰ
2018	哈尔滨市	大顶子山	硫化物（mg/L）	0.003	0.002	0.003	Ⅰ	0.002	0.002	0.002	Ⅰ	0.002	0.002	0.002	Ⅰ
Ⅳ 2018	哈尔滨市	大顶子山	石油类（mg/L）		0.020	0.005	0.015	Ⅰ	0.040	0.040	0.040	Ⅰ	0.060	0.060	0.060
2018	哈尔滨市	大顶子山	挥发酚（mg/L）	0.000 2	0.000 2	0.000 2	Ⅰ	0.000 2	0.000 2	0.000 2	Ⅰ	0.000 2	0.000 2	0.000 2	Ⅰ

附件八：2019 年松花江上游双城区 K112 籽粒苋种植试验报告

2019 年，在哈尔滨市双城区农业技术推广中心试验地进行 K112 籽粒苋种植试验，现将一年种植试验情况进行总结：

1. 试验目的：在第一积温带黑土区进行种植试验。

2. 试验设计

2.1　试验地点

哈尔滨市双城区农业技术推广中心试验地。土壤类型为黑土，前茬为玉米作物。

2.2　试验处理

试验为大区试验，面积 2 亩。

3. 农事活动

3.1　播种时间：2019 年 5 月 28 日，春季播种。

3.2　施肥情况：每亩施肥 45%复合肥 30kg 。

3.3　种植密度：每亩 3 814.8 株。

4. 结果

经 2019 年 10 月 8 日调查：

k112 籽粒苋种植试验平均株高为 266cm，最高为 340cm；平均单株鲜重 0.44kg，平均亩产籽粒穗鲜重 1 678.5kg。

参考文献

戴春胜，梁贞堂，龙显助，等 . 2016. 松嫩平原水土资源生态状况与建设对策研究［M］. 北京：中国农业科学技术出版社.

党连文 . 加强水土流失综合防治保护黑土地承载能力［J］. 中国水利，16：1-3.

董玉峰，王铁成，赵炜 . 2017. 黑龙江省杜尔伯特蒙古族自治县耕地地力评价［M］. 北京：中国农业科学技术出版社.

付建，刘国辉 . 黑龙江省测土配方施肥［M］. 北京：中国农业大学出版社.

葛新，吴景峰 . 2017. 黑龙江 2017 年统计年鉴［M］. 北京：中国统计出版社.

韩贵清，周连仁 . 2009. 黑龙江盐渍土改良与利用［M］. 北京：中国农业出版社.

何万云 . 1986. 松花江地区土壤［M］. 哈尔滨：黑龙江科学出版社.

李建明 . 2016. 黑龙江垦区 2016 统计年鉴［M］. 北京：中国统计出版社.

刘洪禄，丁跃元，郝仲勇，等 . 2006. 现代化农业高效用水［M］. 中国水利水电出版社.

刘兴土 . 2001. 松嫩平原退化土地整治与农业发展［M］. 北京：科学出版社.

龙丽 . 2017. 引嫩工程对地下水生态环境的影响与防治［J］. 东北水利水电（10）：23-25.

龙显助，王春雨，杨国兴，等 . 2010. 肇兰新河水土资源环境动态规律与利用改良措施研究［M］. 北京：中国农业科学技术出版社.

马延廷，刘辟义，王玉莲，等 . 2008. 松嫩低平原污水处理与利用研究［M］. 北京：中国农业科学技术出版社.

孟凯，黄雅曦 . 2006. 黑土生态系统［M］. 北京：中国农业出版社.

邵立民 . 2008. 我国绿色农业战略选择及对策研究［M］. 北京：科学出版社.

石元亮，孙毅，许林书，等 . 2004. 东北沙地与生态建设［M］. 北京：科学出版社.

孙鸿良 . 2000. 高产优质一年生粮饲兼用作物——籽粒苋［M］. 北京：台海出版社.

孙鸿良 . 1997. 籽粒苋 100 问［M］. 北京：中国农业科学技术出版社.

赵世库，等 . 1988. 哈尔滨土壤［M］. 哈尔滨：黑龙江科技出版社.

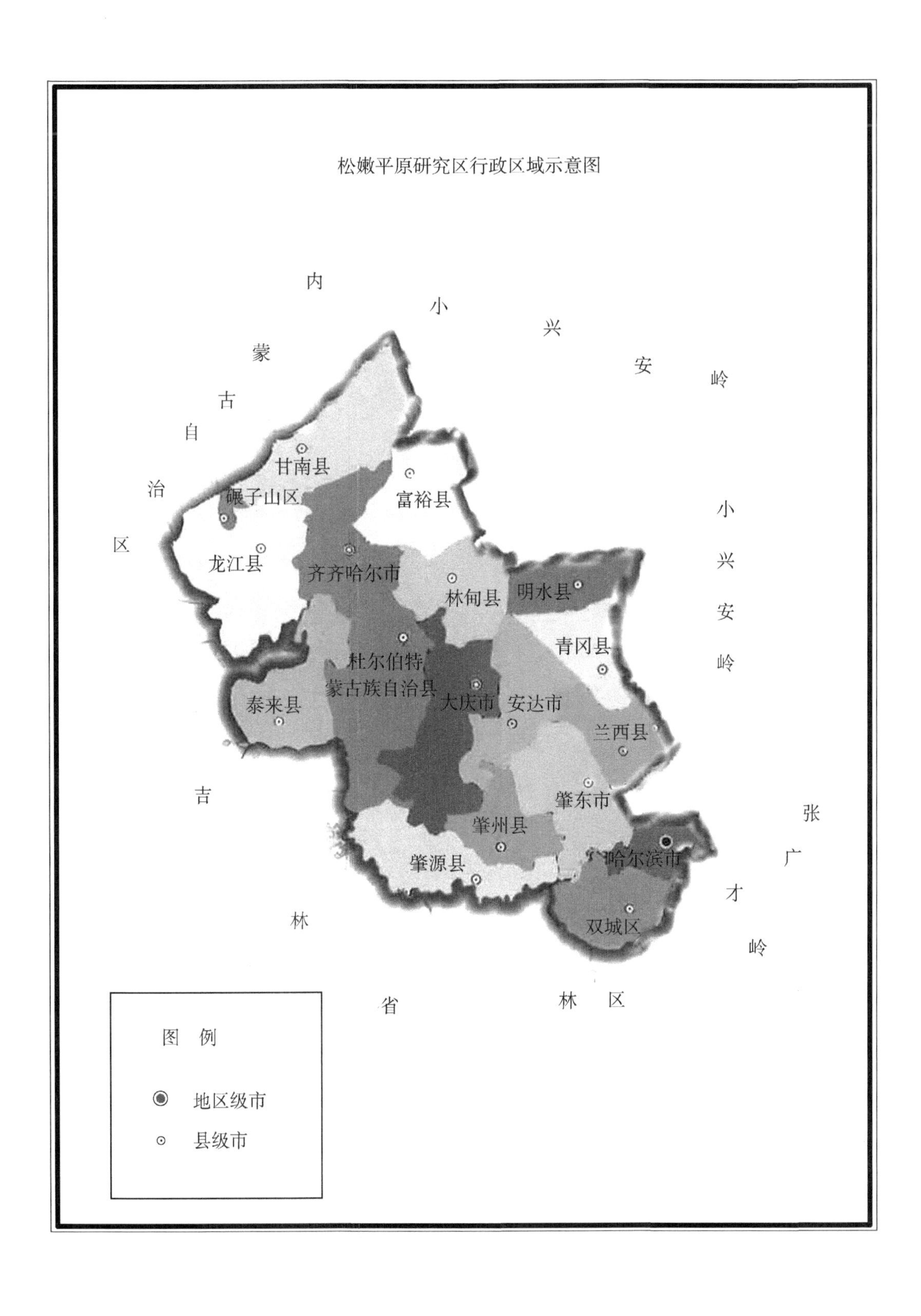

松嫩平原研究区行政区域示意图
内蒙古自治区
小兴安岭
小兴安岭
甘南县
碾子山区
富裕县
龙江县
齐齐哈尔市
林甸县
明水县
青冈县
杜尔伯特
蒙古族自治县
泰来县
大庆市
安达市
兰西县
肇东市
肇州县
肇源县
哈尔滨市
双城区
吉林省
张广才岭
林区
图例
地区级市
县级市